心理分析有什么用？

日常
人文课

WHAT WOULD FREUD DO?

[英国]萨拉·托姆利 著
SARAH TOMLEY
赵凤青 译

译林出版社

图书在版编目（CIP）数据

心理分析有什么用？/（英）萨拉·托姆利（Sarah Tomley）著；
赵凤青译．—南京：译林出版社，2021.9（2022.2重印）
（日常人文课）
书名原文：What Would Freud Do?
ISBN 978-7-5447-8788-8

Ⅰ.①心… Ⅱ.①萨… ②赵… Ⅲ.①精神分析－通俗读物 Ⅳ.①B84-065

中国版本图书馆 CIP 数据核字（2021）第 143314 号

What Would Freud Do? by Sarah Tomley
First published in Great Britain in 2017 by Cassell, an imprint of Octopus Publishing Group Ltd
Carmelite House, 50 Victoria Embankment, London EC4Y 0DZ

心理分析有什么用？［英国］萨拉·托姆利／著 赵凤青／译

责任编辑 王瑞琪
装帧设计 尚燕平
版式设计 黄 晨
校 对 孙玉兰
责任印制 单 莉

原文出版 Cassell, 2017
出版发行 译林出版社
地 址 南京市湖南路 1 号 A 楼
邮 箱 yilin@yilin.com
网 址 www.yilin.com
市场热线 025-86633278
排 版 南京展望文化发展有限公司
印 刷 徐州绪权印刷有限公司
开 本 880 毫米 × 1230 毫米 1/32
印 张 8.25
插 页 2
版 次 2021 年 9 月第 1 版
印 次 2022 年 2 月第 2 次印刷
书 号 ISBN 978-7-5447-8788-8
定 价 48.00 元

目　录

前　言

心理学是一门非常年轻的学科。它始于19世纪后期两位“心理学之父”出现之时：威廉·冯特（Wilhelm Wundt），德国科学家，创办了世界上第一个心理学机构（和实验室）；威廉·詹姆斯（William James），美国哲学家。冯特采用科学的测量方法来研究思想，而詹姆斯则采用较主观的方法来研究思想。他那本著名的《心理学原理》（1890）探究了心理学的主观领域，包括意识、记忆、想象、推理、意图和意识流，此后这些主观领域激发了众多心理学家的兴趣。那么，心理学会成为一门艺术还是一门科学？

意识这一现象已被证明是个难解之题，巴黎萨伯特医院的内科医生让-马丁·沙可（Jean-Martin Charcot）的研究则使它更趋复杂。他提出，一些严重的生理症状（如失明和耳聋）可能由心理紊乱引发。沙可认为这一假设之所以能够成立，是因为意识能够被分成不同的部分，而这些不同的部分“彼此相互忽略”（如詹姆斯所言）。于是，无意识的概念诞生了。

几年后，一名年轻的内科医生西格蒙德·弗洛伊德于1885年来到巴黎，师从伟大的沙可。他着迷于人头脑中存在无意识领域的想法，并且开始相信大脑中这一不可触及的部分才是真正主导我们思想和行为的根源。弗洛伊德意识到沙可正在研究的“歇斯底里”症状不仅有心理上的根源，而且它在某种程度上含有深意。他推断，如果无意识可触及（也许表现为梦、口误和词语联想的形式），那么其含义就能够被识别，症状也可以得到缓解。这就是“谈话疗法”或者精神分析的开端。

一门分裂的学科

心理学和心理治疗（包括精神分析）在看待自己时极为不同，且常不能以绝对的尊重来看待对方。心理学家热衷于与冯特为伍，宣称他们的工作科学又客观；而心理治疗师的工作在很大程度上无法被测量和证明，因而令人质疑。心理治疗师对心理学也同样持怀疑态度：治疗师认为，心理学家可能在研究大脑功能，但是他们忘记了人本身。思想不只是大脑，人也不是机器，尽管行为主义者极力把人说成机器。治疗师所针对的心理学家包括B. F. 斯金纳和约翰·华生，他们的研究在20世纪50年代曾主导这个领域（和公共意识），而且他们似乎证实人可以轻易地、可预见地对刺激产生条件反应，就像动物一样。

他们的研究受到认知运动（始于20世纪50年代）的质疑，并且通过阿尔伯特·艾利斯和亚伦·贝克的研究进入公共意识领域，最终以认知行为疗法告终。这些心理学家认为，在刺激和行为主义者所研究的反应之间存在一个“中介过程”，如知觉、记忆或注意力，这是我们与其他动物不同的关键之处；而且通过研究这些过程，我们能够理解我们所有的心理加工过程。

就在辩论激烈之际，精神分析学派坚持认为，人类思想的某个层面无法通过认知或外显行为的研究来理解。在20世纪90年代，神经科学领域新的研究结果表明同样的事情：人大脑中某一部分是以内隐的方式，在意识之外进行工作（“思考”）的，它控制着我们大多数的行为、设想和期待。当代心理学家如丹尼尔·卡尼曼已经充分地研究过大脑的无意识偏差，而神经科学家如雅克·潘克塞普已经揭示了七种人类关键情绪对应的皮质下活动的本质。

心理治疗师们和精神分析师们继续对心灵（即自我的神秘部分）保持着兴趣。自我的神秘部分的行为可以从令当事人都费解的非理性行为和偏好看出。治疗师如埃里克·伯恩和卡伦·霍尼认为，我们拥有远远不止一个自我，我们有数个自我。梅兰妮·克莱因认为，我们甚至把其他人也一分为二，认为他们绝对完美或者绝对不堪。而所有这些取决于我们的早期学习，早期学习显然决定了我们对自己、他人和世界的默认理解。

经历铸造心理

本书采用问答的形式来关注一些世界著名心理治疗师、精神分析师和心理学家的理论如何解决日常问题。通过这种方式，本书为我们提供了很多不同的视角去理解人类奇妙的心理世界，以及人类共同拥有的脑力和不同个体心理的独特性。正如心理学家安道尔·托尔文所说，我们是唯一可以在头脑中进行时间旅行的生物。因此，本书将邀请你看向过去和未来，尤其要仔细审视当下。对本书呈现的许多观点，你可能会产生抵触，但是正如弗洛伊德所说："人们因为难以忍受的牙疼去看牙医，可是当牙医用一副钳子补他的坏牙时，患者却又猛地推开牙医的手臂。"似乎没有人完全愿意面对自己的许多不同面，弗洛伊德也不例外。所以，尽情地挑选你的真相，并且注意你"本能地"回避什么吧。我们比自己以为的要知道得多；而我们的思维也比我们知道的要活跃得多。

第一章：我是个怎样的人？

我想吃掉最后一块蛋糕，可是我为何因此感到内疚呢？

弗洛伊德

产生这种想法会让人有点内疚。弗洛伊德认为在我们日常生活中，这种带有内疚感的想法处于核心地位。我们产生某种欲望，然后对它进行评判，而在决定怎么做之前，内心的欲望与评判会进行快速的、反复的斗争。这个过程一遍又一遍地发生。根据弗洛伊德的理论，这是因为大脑发展出了三个相互冲突的部分，即本我、自我和超我，而这三者的冲突是不可避免的。尽管这三个部分指导着我们的一言一行，但大多数时候，我们甚至无法意识到它们在做什么。

西格蒙德·弗洛伊德（Sigmund Freud）的精神分析理论是一个涵盖一切事物的庞大理论——它不只解释某一件事，比如为什么会害怕蜘蛛、为什么会坠入爱河、为什么会否认永生、为什么会喜欢吃汉堡包。这个理论解释了所有这些事情。弗洛伊德致力于准确地描述大脑的结构和运作方式，尽管他手头上完全没有科学工具来达到这个目的。有趣的是，如今许多神经科学家又回到弗洛伊德的理论，希望用它来解释他们利用大脑扫描技术看到的现象（作为一名神经生物学家，弗洛伊德本人一定也很想玩这种技术）。

然而，回到19世纪90年代，弗洛伊德研究心灵的唯一有效工具就是催眠。弗洛伊德与一位名叫布鲁尔的医生合作，布鲁尔医生发现，患有“歇斯底里症”的女性的症状（比如咳嗽、窒息和肢体瘫痪）取决于“她们生活中令人印象深刻却被遗忘的场景”。布鲁尔帮助女患者回忆那些被长期掩盖的事件，这样做有助于治愈她们歇斯底里症的症状。弗洛伊德惊讶地发现许多女性身体的不适完全消失了。

精神分析的诞生

弗洛伊德把这种想法付诸实践，发明了后来被称为“谈话疗法”的治疗方法，即精神分析疗法。它以这样一个观点为出发点：许多发生在我们大脑中的事情是我们无法觉察到的。大多数时候，我们不知道自己在想什么，更不用说解释我们为什么要做这些事情。根据弗洛伊德的理论，即使我们能找到合理的理由来解释为何选择这个伴侣、这份工作或者这所房子，我们也没有真正地触及问题的核心。那些听起来很合理的理由似乎都很不错，但它们仅仅是自我必须赞同的声音，我们也只是听到了对话的结局。

心灵中存在不停对话着的三个部分：本我、自我和超我。这三个部分在童年期的不同阶段依次形成。弗洛伊德曾指出，本我是我们与生俱来的人格结构。它是冲动、充满欲望的部分——它渴望进食、饮水、排尿、排便、保暖——简而言之，它不断地索取，而且唯一的目标就是得到满足。如果它没有得到满足，就会让我们知道，毕竟我们很难不去理会一个啼哭的婴儿的喊叫声。弗洛伊德认为本我是受快乐原则支配的，本我想要得到快乐和满足感，并且要立刻实现。

> 通常情况下，自我对拒绝（本我的）冲动和（本我与超我之间的）整个冲突都一无所知。
>
> ——安娜·弗洛伊德

许多哲学家和心理学家认为，婴儿那种无知的、难以控制的欲望只存在于某个阶段，这个阶段总会过去。但弗洛伊德的看法不同，他认为这种欲望会一直伴随着我们。然而，随着年龄的增长，孩子开始意识到他不可能使自己所有的欲望都得到满足——“现实”会成为他满足欲望的道路上的阻碍。这就促进了自我的发展，自我遵循“现实原则”：它能理解外部世界的现实，并决定什么时候以及如何满足本我的需求，或者是否需要忽略这些需求。

除了接受外部现实的冲击之外，自我还必须注意孩童心灵的第三部分，即超我，这是最后发展起来的部分。这是心灵将外部世界的“规则”内化的部分，这些规则首先由父母传达给孩子，然后由社会中的其他部分，比如教师和立法者来传达给孩子。

这个过程大致如下。本我想要吃一些美味的东西，比如巧克力，因此你发现自己很想吃巧克力棒。但超我会说：“你疯了吗？你已经超重啦。你所有的牛仔裤都不合身了。没人应该这么胖！你应该为自己感到羞耻！”自我则在这两个尖叫的家伙之间摇摆，一个坚持它想要的（你想要的）东西，另一个因为你想要这个东西而狠狠地批评你。超我的所为像“良心”一样，但它并不是一个明智的、理性的存在。事实上，就像本我对自己所有的欲望不加选

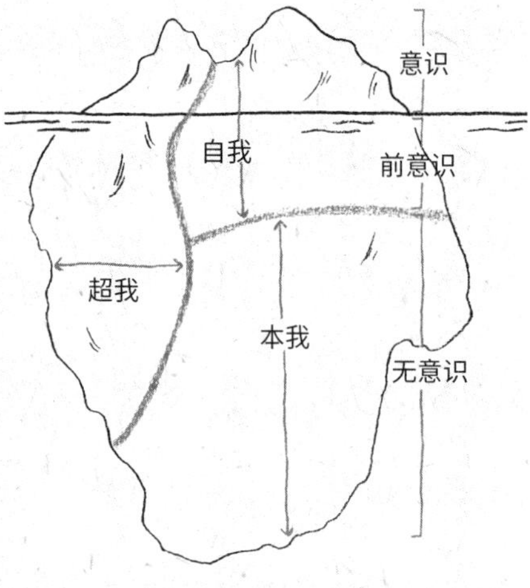

弗洛伊德认为人类的思维只有很少一部分是在有意识的情况下运作的

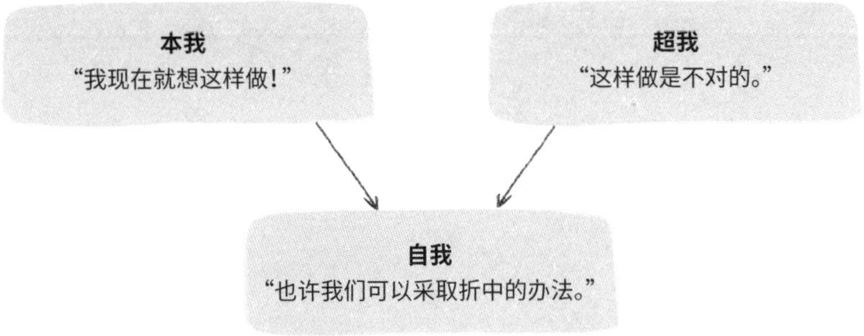

择地接受一样，超我也是如此盲目——对于别人传达给它的“规则”，超我不经检查就将其内化，然后这些规则就像在后台设计程序一样指导我们今后的生活，告诉我们应该或不应该做什么。

超我发出尖锐的批评，想要让我们服从它的命令。自我试图抵挡它的攻击，同时也观察着外部世界的真实情况，并试图安抚本我，即要么帮助它接受损失，要么满足它的欲望。所以你可能会拿起巧克力，一边吃一边感到内疚，因为你的超我在不断地嘟哝着，它可能会继续传递尖刻的想法。或者，你也可以成功地抵制这种冲动（自我与超我站在了同一条战线上），体验到一种带着一丝失望（来自本我，因为它的愿望被拒绝了）的优越感（因为超我实现了）。

有时候我们能意识到这些内在的冲突，但大多数时候我们并不能——这是无意识的加工过程。弗洛伊德说，一些来自本我的

> 我的记忆说我曾这样做了，但我的自尊说我不可能那样做。最后，我的记忆屈服了。
>
> ——弗里德里希·尼采

西格蒙德·弗洛伊德

愿望实在让人无法接受（比如“我想要和她做爱！”或“我要杀了那个男人！”），以至于我们想要立刻摆脱它们——假装我们从来没有过这样的想法。通过这种方式，我们产生了一套绝妙的防御机制，它致力于将那些无法被接受的思想从我们的头脑中驱赶出去，将其隐藏起来，避免被其他人知道。这种防御机制无意识地运转，其作用是尽力避免我们因自己的想法和冲动而过度焦虑，这个过程发生得非常快，以至于我们根本没有意识到发生了什么。

内部 / 外部冲突

我们来举个例子。想象你的老板做了一件非常令人恼火的事情，导致你有一种想揍他的冲动。这种冲动对你或其他任何人来说都是完全不可行的，所以你需要以某种方式“摆脱”这种冲动。有几种自我防御机制可以供你选择。你可能会让自己假装什么都没发生（否认）；或者告诉自己办公室里的某个同事真的很想这样做（投射）；或者你可以把这种冲动从它的真实对象转向一个更容易被人接受的对象，比如椅子腿，然后去踢椅子腿（替代）；又或者你可能会表达与你真实想法完全相反的感觉，对他比平时更友好（反向作用）。我们的许多防御方法都是由弗洛伊德的女儿安娜·弗洛伊德（Anna Freud）定义的，她指出：“无论防御是出于对外部世界的恐惧，还是出于对超我的恐惧，都是焦虑推动了防御的过程。”

弗洛伊德认为，大多数时候，我们能很好地处理这种外部或内部冲突，但有时候，我们会发现，为了控制我们的破坏性冲动和抵御超我的批评，自我做出的不懈努力表现得太过分了，这导致了焦虑、抑郁和无数的心理问题（或“神经症”）。他认为，唯一的“治疗方法”就是以某种方式悄悄越过防御机制，回到最初的意愿或愿望，去理解人格不同部分之间从一开始就产生的争论，带着勇气和全盘接纳的态度去接受那些难以接受的事情。但这并不是一件容易的事。

为什么是精神分析？

精神分析所探索的事实或真相，被认为存在于我们有意识的、理性的头脑所无法触及的黑暗之中。后来的疗法，例如认知疗法、行为疗法等，都坚持认为心理问题只需要针对有意识的症状就可以解决。但弗洛伊德认为，“当旅行者在黑暗中吹响口哨时，他可能会否认自己内心的恐惧，但其实他对自己为什么会吹口哨再清楚不过了”。他的观点既不科学，也不适合胆小的人。本书所呈现的大多数心理学内容似乎都在拼命地为我们的行为寻找不同的解释。弗洛伊德肯定会觉得这种努力散发出无限迷人的惊人力量。

核心理论
心灵的精神分析结构模型及其**防御机制**
——西格蒙德·弗洛伊德

我喜欢独处，这很奇怪吗？

荣格 ‖ 迈尔斯 ‖ 布里格斯

1936年，伟大的精神治疗师卡尔·荣格写道："我逐渐明白，一定存在两种完全不同的一般性格，将人分成两种类型，我称之为外向型和内向型。"这两种类型的人有不同的关注点和恢复精力的方式：外向型的人喜欢关注外部世界，从与他人的交往中获得能量；而内向的人，比如你自己，则专注于内部的主观世界，通过"独处"得到休整。

自从**卡尔·荣格**（Carl Jung）对人格做出这一引人注目、别开生面的划分以来，研究人员和理论家们坚持认为，人格不止包含简单的两个类型。如今的MBTI（**迈尔斯-布里格斯**性格类型指标，Myers-Briggs Type Indicator）测验将人分为16种不同的性格类型，其精确性显而易见，以至于各类招聘公司和雇佣公司每年要进行350多万次这样的测试。

然而，MBTI是从荣格最初的模型发展而来的，我们有必要回到荣格的观点上来寻求一个最基本的理解。荣格认为，如果我们把看似随意的行为看成是由两种不同的信息加工方式所引起的，那么这些行为就变得有意义了。外向的人更容易受到周围环境的影响，而内向的人则更容易受到自己意愿的影响，而且这两类人判断处理过的信息的方式不同。荣格给出了两个人争论的例子，其中一个说，"朋友，看这里，这些是事实；这就是现实"，而另一个人则以"但是我想，我认为……"这类的话来回答，这样的话在坚持外部事实至上的外向者看来，听起来"毫无意义"。荣格说道，他（外向者）所忽略的是另一个人正在遵循丰富的内心世界——一个与外部现实同样有效的内心世界。

荣格指出，更关注外部世界的人认为自己"更有说服力"，因为他把外部世界的事实与真正的现实等同起来，并把内向的人视为一个做白日梦的人。然而，荣格一直强调，内心世界同样也是非常真实的，有着与从外界感知到的世界相似的不断变化的图像。这些内心世界的描述被称为幻想，荣格声称它们和事实一样拥有强大的力量："当一个人突发奇想时，另一个人可能会失去生命，或者一座桥将被建造起来……你在这里做的所有这一切，一开始都是幻想。"荣格声称，幻想并非一无是处；它不是一个有形的物体，但它仍然是事实。所以内向的人不应该因为自己的这些幻想而感到抱歉，这些幻想是世界上所有新发明的关键，也是

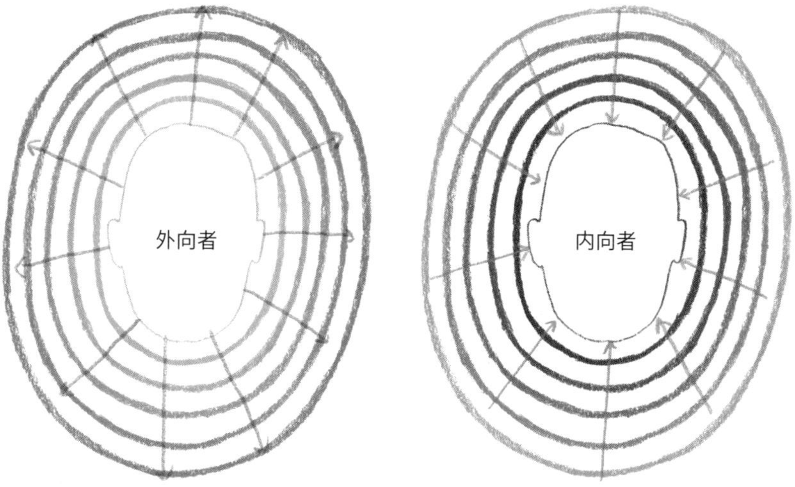

外向者关注外部世界，并从中获取能量。内向者认为对于内心世界的思考和白日梦更加具有创造性和趣味性。他们在独处中获取能量

对这个世界最敏锐的感知。内向者和外向者对于这个世界同样重要。

四种功能

荣格除了提出两种基本人格类型之外，还认为人在四种重要的功能上都存在着优势或缺陷：思维、情感、感觉和直觉。这四种功能对于后来非常流行的MBTI测验起到重要作用。荣格认为，感觉告诉你存在着某些东西；思维告诉你那些东西是什么；情感告诉你它是否让人感到愉快（应该接受还是拒绝）；直觉让你预感即将发生的事情。他说道，直觉很难用普通的术语来解释。一定程度上，我们每个人在这四个方面都表现得强弱分明。

在MBTI中，这四个因素是相互对立的，除此之外，还有判断和感知两个因素。在最基础的层面上，这个测验试图了解的问题是一个人更喜欢关注外部世界还是内心世界（外向/内向）；是专注于基本意义还是解释和附加意义（感觉/直觉）；是根据逻辑和一致性还是根据不同的人和特殊情况来做出决定（思维/情感）；是倾向于快速做出决定还是更愿意对新信息持开放的态度（判断/感知）。根据人们偏好程度的不同，这个完整的测试将一

> 他退回到自己的世界并不是对这个世界的最终放弃，而是一种对平静的追求，在那里，他可以自由地为集体生活做出自己的贡献。
>
> ——卡尔·荣格

个人归为16种性格类型中的一种。例如，“ISTJ”是指性格内向（Introvession）、敏感（Sensing）、善于思考（Thinking）和判断（Judging）的一类人。这种性格类型即所谓的“检查员”，它有很多明确的偏好，比如注重细节、重视规则和喜欢收集事实。

这不仅仅是喜欢独处的问题?

内向的人喜欢通过独处来恢复精力。独自一人待在一个安静平和的地方，这对内向的人来说是非常重要的（这一点也不“奇怪”）。这样他们才有时间去思考，去幻想，去把事情考虑得清清楚楚。他们更喜欢有趣的、亲密的、一对一的谈话，而不是在拥挤的酒吧里对别人大喊大叫。他们也喜欢谈论对自己有意义的重大话题。他们中产生了伟大的听众和作家（J. K. 罗琳自称是内向型的人）。考虑到外向的人喜欢交谈，更喜欢行动而不是思考，并且总是能在最刺激的活动中体会到最大的快乐，所以很多伙伴关系（爱情伴侣和商业伙伴）是外向者与内向者的成功结合也就不足为奇了。

神经科学

近来，神经学方面的研究显示，那些自称内向者和外向者的人的大脑存在着一些有趣的差异。外向者似乎天生就更容易将多得超乎寻常的注意力分配到面部，在这一过程中，他们会体验到一种名为多巴胺的“奖励性”神经递质（一种大脑中的化学物质）的激增带来的快乐，多巴胺也与成瘾行为有关。此外，在处理信息的过程中，外向者似乎比内向者更倾向于使用更快、更短的脑部通路进行信息加工，这一通路会穿过大脑感觉加工的区域（视觉、听觉、味觉、触觉）。这一通路也依赖于多巴胺。但这里存在着一个缺陷——外向的人对多巴胺不是很敏感。所以，要发挥多巴胺的作用，外向的人比内向的人需要更多的多巴胺，一个快速提高多巴胺水平的方法就是提高肾上腺素的水平，而这可以通过做一些新奇的、快速的、令人兴奋的和危险的事情来实现，例如在酒吧唱歌，或者和陌生人一起跳舞，或者去蹦极。因此，通过走出家门去做一些令人兴奋的事情，尤其是和其他人（不同面孔！）一起，他们体验到了多巴胺带来的快乐，享受到了一种即时的、强烈的幸福感，感觉一切都很好。

相比之下，内向型的人做事的方式非常不同。和外向型的人相比，内向者似乎会有更多的血液流向大脑，在信息处理过程中，血液沿着一条更加复杂的通路流向与内在经历有关的大脑区域，比如记忆、计划和问题解决。此外，这些内向型的人对多巴胺非常敏感，所以只需要很少量的多巴胺就能使他们觉得过度刺

激（换句话说，他们需要避免聚会这样充满刺激的场合！）。他们做选择的神经递质是另一种，即乙酰胆碱。这是一种具有完全不同效果的神经递质。这种化学物质可以使人产生一种冷静的警觉和放松的感觉；同时它也可以提高记忆力，使人学习能力更强、认知更灵活。内向者的大脑似乎在追寻某些体验，这些体验会促使释放一种带来“满足”的化学物质，以便内向者更好地发挥功能；而外向者的大脑则在追寻那些令人兴奋的、人际导向的活动，这些活动会促使释放多巴胺，产生瞬间“快感”。

那么这是一种困扰吗？

从荣格到当代的研究人员，所有人给出的建议都是，你如果不拒绝接受你自己是什么样的人和你本身喜欢做的事，就没有什么问题。例如，如果你是一个内向的人，却突然决定尽量多去参加聚会而不停下来休息，这样的话，你很可能会开始感到精力耗竭。同样，如果一个外向的人一周都待在家里不出去见其他任何人，也会莫名地感到筋疲力尽。此外，你可能需要仔细地选择适合自己的职业，因为你很有可能会因为你所选择的工作而需要面对某种社会文化或职场文化，这种文化氛围会期望其成员以一种特定的方式行事，而如果你陷入了不适合自己的文化氛围，那么你的健康和幸福感可能会受到损害。荣格对内向的人有几句忠告：“他自己的

核心理论

外向型和内向型

——卡尔·荣格

迈尔斯-布里格斯类型指标

——伊莎贝尔·布里格斯·迈尔斯，凯瑟琳·布里格斯

世界是一个安全的港湾，是一个精心照料的、封闭的花园……他最好的作品是用他自己的资源，发挥自身的主动性，并用他自身独特的方式来完成的。”

为什么我总是把事情拖到最后一分钟？

弗洛伊德 ‖ 厄班 ‖ 艾瑞里 ‖ 韦坦布洛克

上大学的时候，当我和其他人在图书馆里苦读时，看着嬉闹玩乐的拖延者，偶尔会有点羡慕。令人烦恼的是，他们还是设法在截止日期那天交了论文。那么拖延是一个问题吗？

尽管拖延者似乎拥有了快乐，但他们的内心世界似乎一点也不快乐。关于大学生拖延症的研究表明，尽管拖延者一开始的压力比他们的同学要小，但在整个学期的时间里，他们的累积压力更大，生病次数更多，最终分数也更低。

拖延是怎么回事？

当拖延者面对一项任务时，无论是他们自己选择的还是别人要求的，他们要么推迟开始，要么即使开始了，也会迅速放弃，溜之大吉。例如，你可能坐下来打算写一篇文章，就在这时，你决定在开始前只花五分钟浏览微博，结果却发现已经过去了三个小时，而“此刻开始已经没有必要”了。或许你的目标可能大得多，比如你决定去健身，但随后你就会觉得“我的运动鞋太破旧，我需要买一双新的，然后才能去跑步”。

砍倒一棵树。如果你不能砍下一整棵树，那就砍下三根树枝。

——约瑟夫·R. 法拉利

没有比永远牵挂着一个没有实现的目标更令人疲惫的事了。
——威廉·詹姆斯

弗洛伊德将这些自我评价视为防御，简单来说，就是我们用防御来转移我们的思想（和身体），使其远离某种让我们内心“畏缩”的东西（内心发出一声“哎哟！”）的策略，如果发生了这种情况，我们的防御系统会自动地、无意识地介入，努力让我们感觉更好。例如，面对写论文这种不愉快的任务时，拖延者经常（无意识地）运用“否认”这种防御机制，这是一种阻止我们意识到外部事件的方式。你可能会告诉自己还有整整一周的时间才交，现在不需要做任何事情。眨眼间，这篇论文就会被你从书桌上撤下来。或者你可能会使用“合理化”这种防御策略，即扭曲对事实的认知从而摆脱困境。可能你告诉自己现在你的心情不好，或者在开始写作之前需要做更多的研究，为此你本想上网研究夸克粒子，但在大约三个小时后却发现自己在视频网站上观看“经典搞笑视频”。

一种内部冲突

拖延症可以被看作一种精神麻痹的状态，是由有意识的愿望（健身或写文章）和无意识的愿望（想要避免它）之间的冲突引起的。这里有一个棘手的问题：从本质上说，无意识的愿望就是无意识的。我们不知道为什么我们总是远离手头的任务，即使在某种程度上，我们想要完成它。自许拖延症患者的作家**蒂姆·厄**

班（Tim Urban）认为这么说并不完全正确——我们并不想去完成这个任务，我们希望已经完成了这个任务，我们想把它抛在脑后，这才使“做这个任务”变得不可能。

心理学家说，如果这是一个关于“做”的问题，那么就有可能得出一些答案。行为学研究者**丹·艾瑞里**（Dan Ariely）和**克劳斯·韦坦布洛克**（Klaus Wertenbroch）认为，“自我约束”（在关键过程中为自己设置截止日期的方法）对拖延者颇有裨益。他们声称，拖延症实际上是一个自我控制的问题，人们选择了短期的解脱而非长期的目标，所以它的运作方式和其他涉及自我控制的决定是一样的。例如，我决定节食，但当我在餐厅的菜单上看到美味的太妃糖布丁时，我可能会向诱惑屈服。饭后，我可能会后悔吃了布丁，深受内疚感甚至自我厌恶感的折磨。（“我是个没用的人，这么容易就屈服了，我在想什么？我永远不会瘦下来。”）

如果这真的只是个改变行为和加强自我控制的问题，心理学上有很多方法来做到这一点，比如设定目标中的小目标，确定过程中的每一步，并限制时间，奖励进步，想象已经完成任务的未来。凯瑟琳·米尔柯曼（Katherine Milkman）教授建议可以将你不想做的任务和你想做的事情捆绑在一起。例如，如果你喜欢跑步，同时因工作需要翻阅一本厚书，便可以下载这本书的音频格式，在跑步时收听。

有时像这样的理性方法是有效的，但它们通常是无效的。这是因为我们理性的部分已经想写这篇文章了，而似乎是我们的无意识、非理性、无法控制的部分在阻止我们。弗洛伊德认为，我们的心理活动由三个部分组成（参见上文第7页）：本我（非理性部分，由冲动驱动）、自我（理性部分，与本我协商来应对外部现

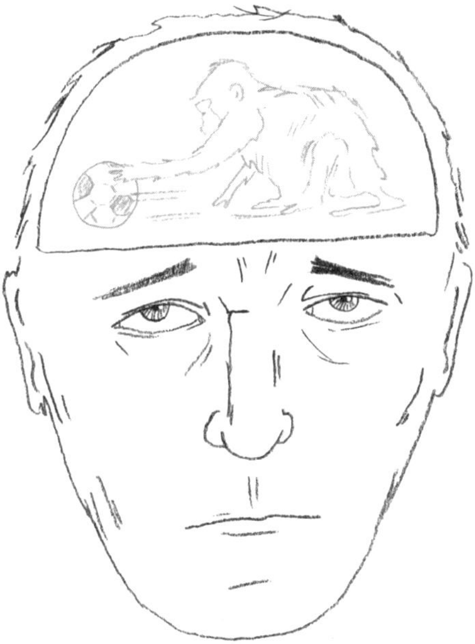

蒂姆·厄班认为，在我们大脑中有一只寻求快乐的“猴子”，它试图把我们锁在一个“黑暗的游乐场”里面

实）和超我（心灵中道德的、父母口中的“良心”）；它们协同合作，使我们在日常生活中正常行使职能。用弗洛伊德的术语来说，无意识驱动我们不去写文章，这表明自我在与寻求快乐和即时满足的本我的斗争中失败了。这就是快乐原则——大脑本能地驱使我们追求快乐，远离不快乐。

猴子的心理活动

拖延症患者**蒂姆·厄班**用一个故事来帮助他找到回归理性行为的道路。他把使自己分心的部分想成一只顽皮的猴子，只活在当下，没有关于过去的记忆，也不关心未来。这只顽皮的猴子说：“哎呀！上网几分钟没关系。”然后它把我们带到一个“黑暗的游乐场”，在那里我们可以做各种各样的休闲活动（看电视、玩电脑问题……不在于你感觉没有动力，而在于你认为你需要动力。
——奥利弗·布克曼

游戏、购物），时间被这些活动填满，让我们远离真正的任务。然而，我们在这样做的时候，同时也充满了内疚、焦虑、自我憎恨和恐惧。只有在截止日期前出现的“令人恐慌的怪兽”才会让猴子逃跑，让我们能够在截止日期前完成任务。

厄班认为关键是要了解猴子及其诡计，所以第一个任务就是无论如何先开始，这是猴子抵抗最激烈的部分。你会发现自己在黑暗的森林里工作（一个充满考验和恐惧的地方），而猴子会拼命地把你拉到黑暗的游乐场里（一个舒适、有趣的地方）。“我们走吧！”猴子催促道。厄班说：不要理它，待在黑暗中，做好准备去面对任务中特别棘手的部分以及遇到不可避免的打击，这时候猴子会说：“让我们赶快离开这里！”厄班向我们保证，如果我们能坚持下去，就会取得进步，体验到成就感，猴子会把这种成就感当成“维护自尊的香蕉”，这将在一段时间内分散它的注意力——但愿可以持续到完成任务的最后一刻，到那时候即使是猴子也会意识到，进入充满欢乐的“任务完成了”的游乐场要比退回到黑暗的游乐场容易得多。

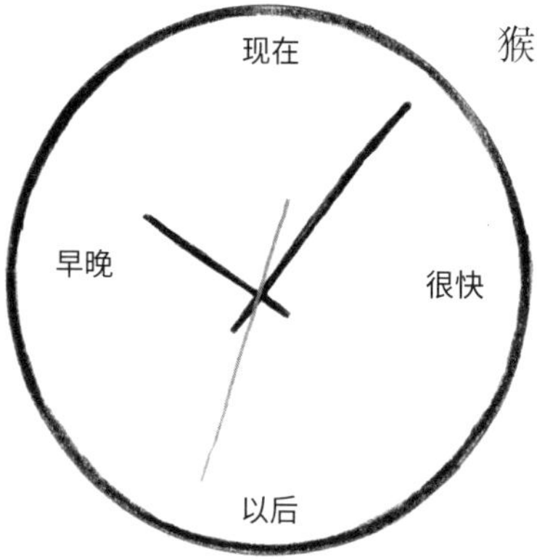

这难道不只是一个故事？

心理学家和心理治疗师早就认识到叙事对人类大脑的作用，因此，即使厄班的理论“只是一个故事”，它也可能是一种有用的方式，甚至当我们正在努力逃避一项任务时，它能帮助我们在“元层次”思考拖延症。这是元认知的艺术，也就是对认知的认知，人们发现这是一种非常有效的方法，可以更好地控制无意识行为。这是练习正念最实用的好处之一。

就像弗洛伊德的本我一样，厄班的猴子充满了食欲、需求和激情，不接受“不”的回答，生活在与自我的不断冲突中。它追求快乐和即时满足，并且不想知道现实的约束。然而，弗洛伊德最感兴趣的是为什么猴子会如此努力地分散你的注意力。在黑暗的森林里你害怕发现什么？发现你没有你希望的那么聪明？或者你没有像其他人，比如父母希望的那样聪明？或者你可能害怕生命最后期限的到来？亲爱的读者，请跟着弗洛伊德走……

核心理论

本我和快乐原则

——西格蒙德·弗洛伊德

黑暗游乐场

——蒂姆·厄班

我是个关心他人的人，还是个“受气包”？

萨提亚 ‖ 霍尼

谁不喜欢关心他人的人呢？这确实是个问题，如果你问这个问题，你很有可能已经想了很长时间了。伟大的家庭治疗师维吉尼亚·萨提亚认为，当我们还是儿童时，一些人就觉得必须要找到一种方式来确保自己得到爱和关心。我们注意到，如果我们善良、体贴，人们（尤其是我们的父母）会做出积极的回应，或者至少会停止对我们做出令人恐惧的行为。关心意味着给予保护和安全，甚至回报以爱。所以我们变得关爱他人。

维吉尼亚·萨提亚（Virginia Satir）对家庭动力学尤其是功能健全和功能失调的家庭之间的差异感兴趣。“功能失调”这个术语的不同含义广为流传着，所以我们有必要看看萨提亚是如何理解这个词的。对她来说，一个功能失调的家庭是一个“封闭的系统”，信息和资源不能自由交换，而是受到某些成员和外部团体的限制。因此，交流是贫乏的，规则往往是僵化的、不适应环境的，并且这种规则对父母中的一方或双方有利。

而另一边，功能健全的家庭被视为“开放系统”，家庭成员和家庭以外的人之间都可以自由地分享信息和资源，沟通是自由流动的和不受限制的，存在的任何规则都具有适应性和动态性，都会根据家庭成员的需求和家庭或文化环境的变化做出反应和调整。

挑选毒药

萨提亚感兴趣的是，成为功能失调的家庭里的一员是什么样的感觉。在这样的家庭里，成员之间的交流非常少，要么成员之

> 我们一定不会允许别人用有限的认知来界定我们。
>
> ——维吉尼亚·萨提亚

间很少说话，要么说出的话是伤人的、令人困惑的或具有误导性的。这种家庭里严格的规则像是用魔法强制执行的，因为似乎没有人真正明确地把它们展示出来，但不知怎的，所有的家庭成员都知道它们是什么。因此会有对这些规则的猜测，尤其对孩子们来说，他们需要找到一种安全地融入家庭系统的方法。

在功能健全的家庭中，成年人关注孩子的需求，并且不觉得有义务“制定规则”，孩子永远不会考虑自己是否被爱，因为这个问题不会出现。另一方面，在功能不够健全的家庭中，孩子学会了识别哪些行为会产生不好的反应（例如，导致父母生气或轻视他们），哪些会产生更好的反应（导致父母微笑或以某种方式奖励他们）。为了生存，孩子开始对周围的人重复那些已经产生了良好反馈的行为和反应，应对策略应运而生。

通过这种方式，孩子们适应了他们的家庭，成长为那种帮助家庭系统保持平衡并使家庭系统以一种半功能性的方式运作的人。萨提亚提出了儿童采用的四种主要应对策略的类型：讨好型、指责型、超理智型和打岔型。这些不是性格类型，而是指导我们对他人做出反应的沟通方式。它们本质上是防御性的应对策略，不能反映孩子的真实感受，而孩子的真实感受都被隐藏在发挥作用的沟通方式背后。

取悦他人

萨提亚提出的“讨好型”术语已经广泛用于“取悦他人

者”——一个希望每个人都快乐，并会不遗余力地实现这一目标的人。取悦他人的人是友好的、乐于助人的、支持他人的，而且在各个方面都非常慷慨，不断地给予，往往超出了合理的预期。而问题在于这种极端慷慨的代价，他们在极端地照顾别人的需要时，忽略了自己。事实上，因为他们已经忽视自己的需求太久了，他们可能不再真正知道自己的需求是什么。他们已经对自己被爱的天生能力失去了信心，抛弃了自己和大部分自尊。这是有条件的爱要付出的代价，而无条件的爱是无须付出的。

如果取悦他人者关注他人并帮助他们实现梦想，那是因为他们已经失去了与自己的自我意识的联系，想要不惜一切代价避免冲突。萨提亚的“讨好型”术语，揭示出到底发生了什么：这种应对策略的重点与其说是取悦他人到讨好的地步，不如说是安抚——通过待人随和、从不要求任何回报、总是道歉（即使不该受到责怪）的方式来安抚他人紧张的神经，抵御攻击。讨好型的人总是说“是”，从不说危险的“不是”。

指责型、超理智型和打岔型

讨好型与指责型的人一起工作时，后者把所有的责任都推到其他人身上，并发现讨好型的人随时准备接受指责。这两种立场都不会让人觉得真正的好，但它们确实带来了一些暂时的缓解：讨好型的人在其他人感到快乐时，感觉更好；指责型的人在其他人服从他们并承受责难时，感到强大。

那些采取了超理智策略的人会表现得公平和合乎逻辑。事实上，这些人在感情上是非常疏远的，坚持每个人都要遵守规则（这种类型也被称为“计算机型”）。

计算机型的人是高度理性、没有感情的，他们会说“我正在理性地仔细考虑所有选项”。

讨好型

讨好型的人说：“我随时为你效劳。请保持冷静，不要沮丧。”

指责型

指责型的人不会承担责任，相反，他们会把矛头指向别人，说“问题出在你身上”，从而转移责任。

计算机型/超理智型

计算机型的人是高度理性、没有感情的，他们会说“我正在理性地仔细考虑所有选项”。

打岔型

打岔型的人的工作就是采用幽默和玩笑将所有人的注意力从问题上转移开。

我认为我们大多数的情感规则都必须打破。例如“我绝不该对我爱的人生气”等这些规则必须被打破，因为它们是不人道的规则，永远不可能实现。

——维吉尼亚·萨提亚

第四种类型是打岔型，这类人发挥着说服别人去关注实际发生的事情以外的事情的作用。这种人在谈话中会表现出不合情理的跳跃，对一切都一笑置之。

萨提亚认为，所有这些立场会导致自我、他人和环境之间失去平衡。讨好型抹去了“自我”；指责型不顾及他人；超理智型看不见自己和他人，只尊重环境；而打岔型对自己和他人的掌控是脆弱的，同时忽略了环境。只有找回失去的部分，即自我、他人或环境，真实的自我才会在感到足够的安全后出现。

服从作为一种防御机制

也许萨提亚的理论在一定程度上要归功于精神分析学家**卡伦·霍尼**（Karen Horney）。霍尼曾在早些时候提出，人们有三种防御方式：服从、攻击和退缩。她说，服从型的人有强烈的被爱的愿望，并试图通过取悦他人来实现这一点，特别关注“应该做什么”（参见下文第248页）。她认为这是一种“趋向”型的防御方式或缓解焦虑的方式。类似的理解也出现在由“嗜酒者互诫协会”提出的共同依赖的概念中。“共同依赖者”指的是那些表现出无私、善良和过分忠诚行为的人，成为酗酒者的“推动者”，酗酒者非常乐意利用这种无条件的支持，以便可以继续酗酒。

那我是受气包吗？

不是每个关心别人的人都是受气包。事实上，在我看来，没有人是受气包。但是，如果你想知道你的关爱行为是否会让你在某些时候受伤，或者让你觉得自己在否定自己，这可能说明你最近已经开始更多地注意到了自己的需求，这是一件好事。当你继续考虑自己和自己的感受时，萨提亚也会为你加油。她会敦促你开始注意到那些你有冲动说“是”，而想的是“不”的时候，并且建议你在回答之前按下“暂停”键。最后，她可能会向你发出警告，告诉你当你开始设定界限时，其他人会指责你在找麻烦。那又如何？开始找麻烦就是了。

核心理论

四种应对策略：讨好型、指责型、计算机型和打岔型

——维吉尼亚·萨提亚

三种防御机制：服从型、攻击型、退缩型

——卡伦·霍尼

明明是对他人的言语攻击，却伪装成玩笑。为何会如此？

阿诺德 ‖ 拉扎鲁斯 ‖ 米伦 ‖ 戴维斯 ‖ 贝克

作为人，我们一直在自动地“解读”他人的反应，并以一种既与当前情境相适应又在某种程度上满足我们自身目前需求的方式来做出回应。但有时我们会接收到一些混乱的信息，比如口头上说着某些话只是“一个玩笑”，而其深层的含义却一点也不让人觉得是个玩笑。这其中发生了什么？

将伤人的话伪装成“只是一个玩笑”或“戏言”是被动攻击的一个经典例子。在被动攻击中，伤害他人的欲望被伪装起来，以致受伤害的一方无法找到一种合理的途径来发泄或报复。这实际上是一种假装成友好交流的“权力的游戏”，这就是为什么一些地位较低的人认为被动攻击是一种有效的工具。如果你直截了当地告诉你的老板，她是一个过于严苛、粗心大意的暴君，你最好在说这话之前把桌子清空。但是，如果你只是忽略老板的一些邮件或是开会时迟到，你就能不断地惹恼她，而她也只能偶尔皱起眉头。

这真是让人感到困惑！

被动攻击式“玩笑”的受害者普遍感到困惑，这可以用认知评价理论来解释。这一理论最先由认知情感理论的先驱**玛格达·阿诺德**（Magda Arnold）提出。她认为，当我们在生活中遇到一些事情（包括人和事件）时，我们会评估其可能对自己有益或有害的程度，并产生一种特定的情绪。**理查德·拉扎鲁斯**（Richard Lazarus）在这一理论的基础上更进了一步，他认为这个过程中发生了两件事：我们对正在发生的事件及这个事件对我们的影响做出了一个认知性的评价（初步评价）；此外，我们还会产生一个情绪反应（继发评价），这给我们提供了一个基于情感的不同的反应形式。虽然他把这些反应分为**初步**的和**继发**的两种，但任何一种都可以先发生，因为思维和情感都是从一个事件中得到信息的来源。

这就使得我们对事件的判断变得非常直接。直到有一天，你在街上散步，有人骑着自行车经过，边走边喊："喂！蠢货，你的外套不错！"对于此，你的初步评价系统和继发评价系统都感到很困惑——你的认知系统接收到的是赞美，但他又刚刚称你为蠢货——这到底是好话还是坏话？这个"赞美"到底是不是真的赞美呢？这时候你从你的继发系统中获取到了信息（即你的情感），你内心的情感就像坐过山车一样，从开心到感到羞辱，不断重复，最终形成一种困惑的整体感觉。评估系统失灵了。因为我们的情感和思维负责为我们下一步该做什么提供指导信息，如果这两者都陷入僵局，我们就暂时无法决定该做什么。我们无法采取适当的行动，因为我们不知道事情将会发展成什么样子。这也可以解释为什么在遭受被动攻击后的短暂时间里，受害者会表现出令人恼火的语塞，以及无力回击的状态。

好吧，我就是这样的，但是他怎么了？

"被动攻击"这个词并没有那么古老，尽管这种令人困惑的行为方式很可能有很长的历史。这个词最初是由美国的精神病学

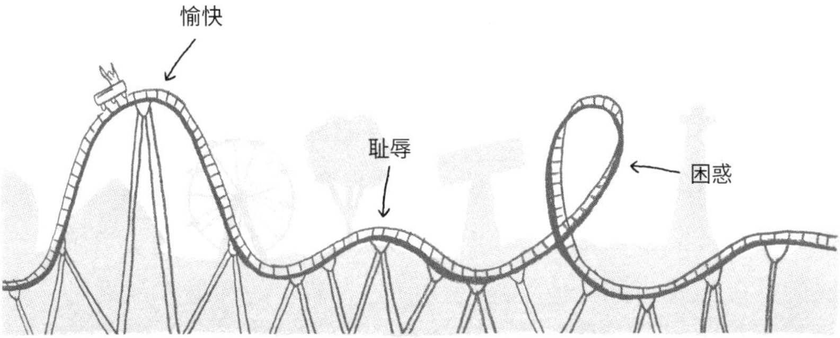

经历被动攻击后的过山车式的情绪体验

家们在与那些经历第二次世界大战以后，具有不合作、怀有敌意、心怀怨恨的特点的士兵们打交道时提出来的。据说他们在行为上消极抵抗、满腹牢骚，如果被质问，他们还总能为自己的言行找到一些合理的借口。大约50年后，心理学家**西奥多·米伦**（Theodore Millon）和**罗杰·戴维斯**（Roger Davis）提供了一种理解当时情况的方法。他们认为，问题的本质在于，被动攻击的人的内心正在经历着一种有关自己和他人的强烈的困惑，这与青少年们那些桀骜不驯的、任性的行为有着惊人的相似之处。青少年时期的一个典型情况是在想要更多的自主权（“别管我！”）与需要依赖他人（“你能开车送我去朋友家吗？”）之间摇摆。被动攻击的人也经历了类似的困惑，这在他们身上深有体现。他们对他人的要求在语言上做出非常积极的回应，但在行动上则表现为抵抗或拒绝。这就像一场矛盾心理的风暴，它会同时停止和开始，所以当被动攻击行为的受害者受到攻击时，他们也会有同样的矛盾情绪，这也许并不难理解。

认知行为疗法的创始人**亚伦·贝克**（Aaron Beck）提出，表现出被动攻击行为的人会认为，直接表达自己的拒绝或反对可能

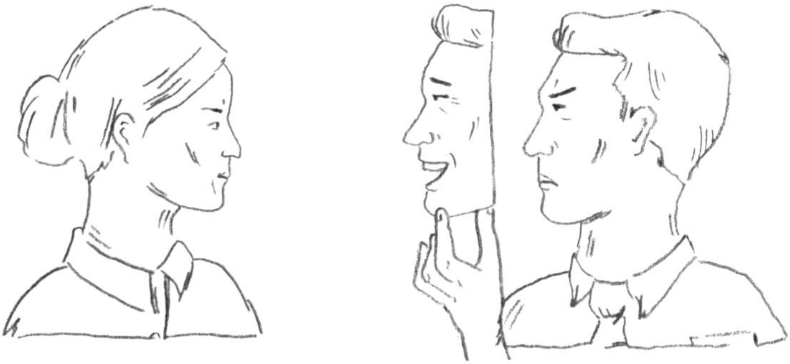

贝克认为，当我们被迫服从，但很想维持自己对事态的控制时，我们就会变得具有被动攻击性

会带来灾难性的后果。如果他公开反对某人，就有可能失去自主权。其实这是自相矛盾的，因为通常只有通过表达不同意见，我们才能保持自主性。所以在表现出赞同或接受的同时，他又必须表示反对来维护自己的自主权。贝克认为，这里有两个关键想法："没有人应该控制我"和"顺从意味着我会失控"。这些想法共同把人束缚在一种不顺从的境地，同时可能在被迫顺从的境地行事。

例如，假设你具有被动攻击性，今天的日程表上有一个会议，但你并不想去参加。当你在思考这件事的时候，你的老板走过你的桌子，说道："一定要去开会啊！"那么，现在最重要的事情已经从避免去开会变成想办法反抗你的老板。所以，也许你确实去参加会议了，但是你迟到了，或者没有带上笔记本电脑，这样你就无法作为团队的一员有效率地开展工作了。

如果我是被动攻击的那种人，怎么办呢？

事实上，我们大多数人都会时不时地以一种被动攻击的态度行事，而且通常发生在我们真的想取悦他人或得到他人认可的时候，但与此同时，我们害怕这种感觉，因为这意味着他人真的能在一定程度上控制我们。心理治疗师认为这源于恐惧，但弗洛伊德可能会激动地说：不，这是愤怒——对过去过分控制你的人的愤怒，这些人坚持让你按照他们的规则生活。恐惧中止了愤怒，就像表面的顺从中止了恐惧。“我的天啊！”你可能会惊呼道，然后再次开始心理咨询。

核心理论

被动攻击人格障碍

——西奥多·米伦、罗杰·戴维斯

被动攻击的**认知行为理论**

——亚伦·贝克

为什么糟糕的事情总是发生在我身上?

塞利格曼 ‖ 达马西奥 ‖ 范・德赞

这是悲观主义者的号角，当他们看到所有美好的东西像雨点般落在别人身上时，他们发出了撕心裂肺的恳求。但值得庆幸的是，正如心理学家保罗・瓦兹拉威克（Paul Watzlawick）所说，这种情形虽然让人感到无望，却并不是一个很严重的问题。世界事实上并没有跟你过不去，只不过看起来或者你感觉好像是和你过不去。话说回来，这个“只不过”是多么容易造成感觉上的不同呢?

悲观主义是什么?

悲观主义是一种立场或观点，它消耗了世界上很大部分的生命力、色彩和希望。从心理学的角度来说，悲观主义是一种消极

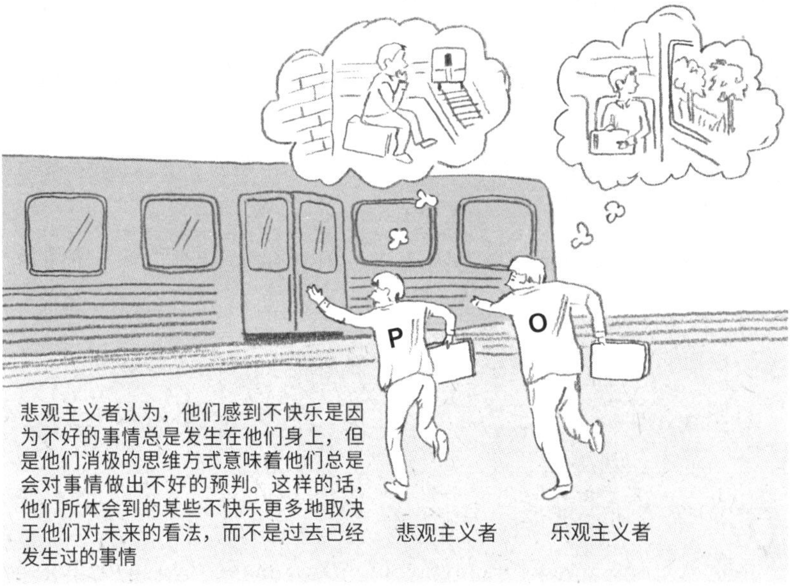

悲观主义者认为，他们感到不快乐是因为不好的事情总是发生在他们身上，但是他们消极的思维方式意味着他们总是会对事情做出不好的预判。这样的话，他们所体会到的某些不快乐更多地取决于他们对未来的看法，而不是过去已经发生过的事情

的想法，源于一些令人沮丧的信念，从“糟糕的事情总是发生”开始，发展到“但是，糟糕的事发生在我身上的时候总是比其他任何人都多”，并以类似“这可能都是我的错”的想法结束。悲观主义者只要经历了一次挫折，就会陷入草木皆兵的恐慌中，产生一种“总是或永远会这样”的想法，然后将其深深地印入心中，并不断反省自己，不断告诉自己，自己一无是处，即使尝试也没有任何意义。

注意力从自我移开

这就是绝望产生的过程——不是因为这个世界对我做了什么不好的事情，而是因为我是个没用的人，不值得拥有好的东西。由此而产生的一种想法是，如果某件好事真的发生在我的身上，那一定只是侥幸——这是一次性的，永远不会再次发生（而且这件事很有可能是不可信的）。但正如弗洛伊德所说，只要有可能，这种关于自我的想法一定会被排除在意识之外，所以悲观主义者很快就会把他的这种想法从自己身上转移开来，转而指责外部世界。这也会令人不快，但在某种程度上，这样更容易让人接受。

那么乐观主义者呢？

与此同时，乐观主义者则戴着粉红色的眼镜看世界。他们有一种积极的思维方式，这种思维方式源于他们对于自己、他人和周围世界的人们“人性本善”的坚定信念。他们认为好的事情经常会发生，所以如果一件好事发生了，更多好的事情肯定会随之而来。如果一件不好的事情发生了，虽然很不幸，但这只是一个暂时的挫折，也许还是一个很好的学习机会。

毫不奇怪，乐观主义者比悲观主义者拥有更健康的自尊心和更强的自信。他们更快乐，在中小学、大学和工作场合中表现得更好、更有毅力、更健康，甚至可能更长寿。

既然如此，为什么有人会选择以悲观主义的视角看待世界呢？积极心理学之父**马丁·塞利格曼**（Martin Seligman）认为，以悲观主义的视角看待世界并不是我们选择的，而是我们在年复一年中逐渐“习得”的——我们被告知关于我们自己和这个世界的事情，被告知时的特定视角也被我们吸纳成为自己的视角，就像广告告诉我们应该索要哪个玩具作为儿童节礼物一样。如果我们在个人主义盛行的西方世界长大，我们也会被鼓励不断地对自己做出评价，尤其是与我们周围的人相比较。不可避免地，许多人因为达不到理想的目标或状态，就错误地认为自己是失败者。

理性怎么了？

大多数时候，我们倾向于认为自己是只根据已知的“事实”行事的理性的人。然而，**安东尼奥·达马西奥**（Antonio Damasio）等神经科学家的研究表明，我们会在很大程度上受到情绪的引导。这项研究显示，负责产生情绪的脑区经历了脑损伤之后，即使是像吃什么这样简单的事情，病人都完全无法自己做决定。因此，我们的情绪似乎预示着我们将会做出怎样的选择，而情绪的产生又在很大程度上取决于我们的预期，而预期又取决于我们自身的经验。“上次突然发生这样的事情时是怎么做的？哎呀，上次我搞砸了。”搞砸了的经历带给我们挫败感和逃离任务的冲动。

悲观主义肯定会有好的一面吧？

悲观主义的视角可以防止那些冒险的乐观主义者在生活中经

> 知道自己是否是一个悲观主义者并不总是很容易的。以及……很多人生活在悲观主义的阴影中但并不能意识到自己是悲观主义者。
>
> ——马丁·塞利格曼

常体验到过山车式的高潮和低谷。唯一存在的问题是悲观主义者在悲观程度上达到了一种相当高的、远超于常人的水平。事实上,如果我从来没有邀请过那个帅哥出去喝一杯,我就可以避免感到挫败,但同时我连酒吧也不会去了。当乐观主义者的梦想瞬间破灭的时候,作为一个悲观主义者,我能体会到一种优越感,但这并不能真正改变我对自己消极的感受。因为如果我是一个悲观主义者,我知道在我的内心深处,真正的问题不在于有一个充满敌意的外部世界,而在于我内心认为自己无用。

习得性乐观主义

幸运的是,其实那些悲观主义者都错了。他们并没有做错什么,只是他们自己觉得自己不行。这就意味着,如果他们能改变一些习惯性的思维模式,就能变得更加乐观,而不必把自己重新塑造成一个和以前完全不同、过着一种和以前完全不同的生活的人。马丁·塞利格曼表示,如果悲观主义是后天习得的,那么乐观主义也可以通过后天习得。他提出了一个学习系统,该系统以关注人们对不利事件的反应为基础,然后对这样的反应提出质疑。事实真的如你所见吗?你对这件事有什么假设吗?对于这个事件,你能想到多少种不同的解释?如果你的一个朋友在街上没有认出你，这是否就意味着他在试图回避和你交往？或者他只是上班要迟到了，又或者他正在拼命想如何挽回他的伴侣，又或者他正在后悔昨天晚上不该玩太久的网络游戏？通过消除以前习惯的消极思维，一些乐观的想法可能会悄然而至，给人带来一些色彩、活力和希望。

悲观主义的价值

然而，那些固执的悲观主义者根本不会相信塞利格曼关于习得性乐观主义的观点，因为他们根本不愿意这么做。也许他们更愿意清楚地意识到自己和他人的痛苦。在这种情况下，他们可能会更加赞成存在主义心理治疗师的观点，比如**埃米·范·德赞**（Emmy van Deurzen）。她曾说道："真正地拥抱生活意味着勇敢地面对生活中不可避免的痛苦、焦虑和愧疚，将其视为内在的一部分。"对范·德赞来说，痛苦是人类的成就，伴随痛苦而来的焦虑和愧疚促使我们深刻地审视自己，然后找到我们想要做出改变的地方，从而使自己真正变得真实。所以，现在就开始吧——直面痛苦，重获新生。坚持下去，直到你发现你存在的理由和一切你觉得真实的东西，然后回来告诉我们。大部分的艺术和文学都产生于此。

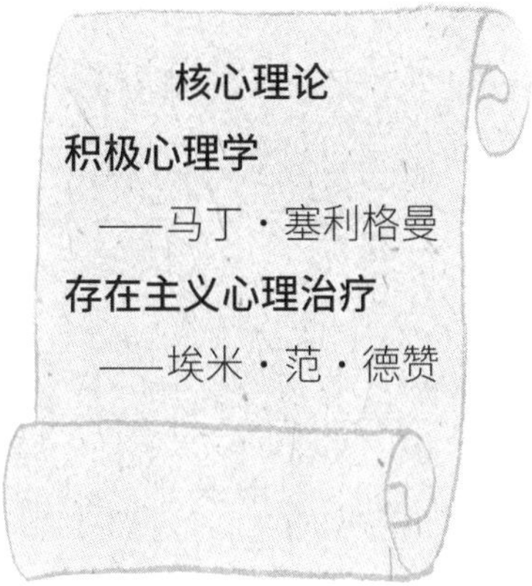

游戏有什么好处?

温尼科特 ‖ 奇克森米哈伊

成年人通常不愿意承认自己在做游戏，但游戏的概念隐藏在所有我们最喜欢的活动背后，从玩电脑游戏、踢足球到登山、炒股。游戏中有一些非常吸引人的地方，可能在于它要么会让你感受到真正的存在，要么帮助你从现实中完全脱离。

精神分析学家、儿科医生**唐纳德·温尼科特**（Donald Winnicott）对游戏非常着迷。他知道弗洛伊德把游戏和象征看作心灵结构（本我、自我、超我）投射到外部世界的表达，但他认为这似乎不太正确。他看过无数婴儿玩耍后意识到，婴儿们正在创造一个介于想象的内部世界和现实的外部世界之间的第三个世界。温尼科特意识到孩子们利用这个过渡空间作为探索自我的基础。在游戏中，婴儿第一次注意到自己。

这个想法的背景来自温尼科特的如下观点，他认为婴儿一开始是与母亲完全融合的，没有意识到自己是一个独立的个体。母

游戏发生在想象（另一个世界）和外部现实的连接处。它不完全是其中之一，而是从两者中收集内容和能量

亲作为一个全能的存在，婴儿想象她已经创造了他需要或经历的一切——他感到饥饿时，一个乳房或奶瓶就会出现。完美！但是随后现实开始侵入。有时食物不会及时出现，尿布也并不总是及时清洗。随着现实的冲击，婴儿和现实之间发生了一场拉锯战，没有一方能完全获胜。（这可能是第一场比赛。）接下来孩子开始玩游戏，用他的想象力去理解这个世界和其中的事物。当他赋予这个世界意义时，他是在赋予这个世界个性，在这个过程中，他是在创造自己，坚定自己的想法。温尼科特说，玩游戏可以使我们与世界互动，并不断发现我们是谁。所以难怪我们喜欢足球！

必不可少的无意义行为

很遗憾，事实证明，温尼科特此时并没有想到足球，他想到更多的是和想象中的鳄鱼家庭一起做游戏和玩泥巴。他说："正是因为孩子们的游戏没有其他规则，只有孩子们自己设定的规则，才使得它如此有趣。"游戏不应受他人规则或判断的限制，任何试图让孩子顺从、前后一致或"讲道理"的尝试都会破坏整个事情（你会感觉到一个蹒跚学步的孩子开始发脾气）。孩子需要的是

我知道烹饪香肠的一种方法就是查一下正确的做法……另一种方法是拿一些香肠，用某种史无前例的方式把它做熟。在任何情况下结果可能都是一样的，但与有创意的厨师生活在一起更令人愉快，即使有时会发生灾难，有时味道有些奇怪，并让人觉得糟到不能再糟。

——唐纳德·温尼科特

游戏是创造力的持久证据，这意味着活力。

唐纳德·温尼科特

> 游戏之所以重要，正是因为它将社会约束和自发行为结合，形成了一套经验。
>
> ——米哈里·奇克森米哈伊

一个具有合作精神的朋友或者成年人，去接纳他们的无意义行为，并把这种对他们的创造性的接纳反馈给他们。原来你在这儿！你真了不起！从这面令人愉悦的镜子中，孩子们可以感受到自我。

所以这就是我们喜欢足球的原因吗？又错了。足球比赛都是为了获得胜利的，温尼科特说，但我们在游戏中会进入一种没有目的的状态，正是这种状态让我们可以体验到放弃所有防御并完全放松的美好感觉。正是这样，我们可以完全自由地联想，不受恐惧的约束。这是最大限度发挥创造力的关键所在，没有任何压力，也不会去想任何目标，这也是为什么游戏备受像腾讯这样的21世纪的公司青睐的原因（为他们的员工和他们的平台）。游戏可以让我们进入无意识的混乱状态，找到未被发掘的宝藏。

在焦虑和无聊之间保持平衡

温尼科特去世后不久，匈牙利心理学家**米哈里·奇克森米哈伊**（Mihaly Csikszentmihalyi）“捡”起了这个球。他说，事实上，球和其他游戏设备可以追溯到远古时代，他在他调查的许多文化中都发现了这一点。他还说，在游戏中，重要的不是发现自我，而是失去自我，这与无目的的状态有关。

奇克森米哈伊关注有规则的游戏（没错，就是足球！还有像国际象棋这样的脑力消遣游戏，所以这适用于所有人）。并且他说:“游戏就是‘开始后的过程’。这是因为‘玩游戏’发生在做出所有决定之后——一个人记得的最后一件事情就是‘让我们开始吧’。”他说，游戏是在规定的规则范围内的行为，而不是没有规则的，但规则是玩家同意的。由于游戏的限制，焦虑得以控制：骰子只能出现六个面中的一个，我们永远不必担心它会变成数字七、一个毒瘤或一个不愉快的伴侣。我们可以预见游戏的可能性，在许多生活中的挑战带来的混乱担忧和无所事事的无聊之间找到有趣的平衡。即使一切都出了问题，谁在乎呢？毕竟这只是一场游戏。

失去自我

温尼科特认为自我在游戏中形成，但是奇克森米哈伊认为自我在游戏中消失了。他说，当你在玩游戏的时候，你对自己行为的无意识关注会超越一切，在别人眼中你失去了自我感觉，并且专注于手头的事，你忘记了现实世界的重要性:“就像当一个棒球手开始行动时，向他征求对越南战争的意见，这是没有用的。”你的世界缩小到球棒或击球箱那么大，那个充满各种社会期望的世界整个消失了。

核心理论

游戏是发现自我的基础
——唐纳德·温尼科特

“**心流**”是人类幸福的关键
——米哈里·奇克森米哈伊

奇克森米哈伊说这种状态令人非常愉悦，以至于它成为“我们生命中最美好的时刻”。他将这种与行为合一的状态描述为“心流”，并认为这是人类幸福的关键之一（参见下文第208页）。这可能就是我们喜欢足球的原因。

如果我变得更自私，我会更快乐吗？

罗伊 ‖ 勒纳

这个问题引发了另一个更深层次的问题，即“自私”意味着什么。如果你认为在最基本的层面上，它的意思是“我要做我想做的事，我不在乎你”，它会让我们中的许多人产生一种不寒而栗的感觉。它给人的感觉是粗鲁、冷漠、“令人不快”。但是这种感觉从何而来呢？为什么“做我想做的”似乎带有第二个意思，即“我不在乎你”呢？

心理学家和心理治疗师似乎在这些规则的起源上达成了某种基本共识。孩子们必须融入他们的文化中去，这样他们才能“适应”并成功，那些被认为古怪的或不合群的人，几乎没有成功的机会。这种社会化的责任首先落在了父母身上，他们觉得自己有责任教给孩子“世界是如何运转的”以及为了过上美好的生活必须做些什么。

在这种情况下，心理学家**多萝茜·罗伊**（Dorothy Rowe）对“好”这个词进行了长时间的深入研究。从某种程度上来说，孩子们应该学会做个好孩子，这似乎是理所当然的，然而，好孩子的定义到底是什么，这取决于制定规则的人。例如，假设父母中有一方的宗教观点非常强烈，或者他（她）来自一个视快乐为某种罪恶的家庭，这将如何影响他们有意识或无意识地为家庭制定的规则呢？即使在不那么严格的家庭里，也可能有一些把自私当成不礼貌的规则，比如“永远不要拿走最后一块饼干”或“索取的人什么也得不到”。

快速学习者

小孩子很快就能掌握家庭规则，习得违反这些规则的后果。在外界看来可能只是一个简单的口头训斥，然而它威力巨大，因为孩子会将其内化，并产生负罪感。当这些训斥一再发生时，即便是区区小事，孩子也会开始觉得自己无法消受——那些标准似乎遥不可及，他感觉自己将会不断地失败。

与此同时，还有一些有趣的故事正在发生。当我们出生时，我们无法理解周围的颜色、光线和声音，但渐渐地我们开始理解它们的意义。我们不仅得到了父母和老师的帮助，也得到了书本、电视、电影、戏剧和大多数形式的文化（无论高雅还是低俗）中的故事的帮助，这些故事通常可以归结为一个主题：好人会赢，坏人会被打败并得到惩罚。但有时这个主题可能不明确，例如，有时候我们似乎愿意“坏人”取得胜利，但这往往只有他们在现实中被明确认定为“好人”时才会发生。

这样的故事情节说了两件事：第一，世界是公正、有序、可预测的；第二，如果一个人是好人，那么就会有好事发生在他身上。不幸的是，这些想法不仅在我们的信念中根深蒂固，当不好的事情发生时，它们还会严重破坏我们的自我意识。如果好人会得到奖励（好人赢了），而我在生活中正在经历的某件事情感觉像

> 要想快乐，就不要太在意别人。
>
> ——阿尔贝·加缪

> 放弃那种幼稚的信念，接受随机性，容忍混乱，一切自会各司其职，自行其道。
>
> ——蒂姆·洛特

是对我的某种惩罚，那么我就不可能成为一个好人，我一定是个坏人。

只有好人才会抑郁

罗伊坚持认为，“只有好人才会抑郁”这种信念是抑郁症的根本所在。那些选择做“坏人”、我行我素的人过得怡然自得、相当快乐，尽管有人可能会说，他们按照自己想要的生活方式和自己的规则生活是自私的行为。相反，那些试图做“好人”，然后违反（别人设定的）规则的人认为自己已经失败了——他们认为自己就是不够好。如果这些都是规则，那么其他所有人都必须遵守。当“好人”（那些试图成为好人的人）遭受损失或创伤时，即使是成年人，也会觉得他们在某种程度上是罪有应得，因为坏事只会发生在坏人身上。他们的行为没有达到标准，这是对他们的惩罚。罗伊认为，正是这种努力让自己变得更好的做法，让他们感到自己不够好。他的结论是“只有好人才会抑郁”。

我们认为世界是公正和可预测的，这一潜在的信念支持了我们有关“好人有好报”的错误观念，并会加强我们的自卑感。如果我们相信世界是可以预测的，并且按照因果关系这样的科学规律运行，那么每件事“显然”都是有原因的，所以在最艰难的生活挑战背后一定有原因。例如，当一个人在寻找车祸中受伤的原因（“为什么是我？”）时，如果他认为世界是公平的，就会得出一个必然的结论：这一定是我罪有应得。

让世界符合神话

心理学家**梅尔文·勒纳**（Melvin Lerner）深入研究了我们对“公正世界”的信念，发现我们几乎会抵触所有相反的证据来捍卫这个观点。确实，我们会扭曲事实来使这个观念合理化。1966年，勒纳和心理学家卡罗琳·西蒙斯（Carolyn Simmons）进行了一项经典实验，实验中向人们展示了一名女性的现场照片，照片上的女性显然因为未能正确回答问题而遭受令人痛苦的电击。当他们被告知自己有结束电击的权利时，他们这样做了；但当被告知他们无能为力，只能无助地坐着观看时，他们开始改变对受伤害的女性的看法。他们认为，从某种意义上说，这是她应得的，她并不是一个无辜的受害者，也绝对不可能是！因为这是一个公平的世界。她的命运和她的品行之间必须有一种契合——如果他们不能改变她的命运，他们就会改变她的品行。

如果我们经常被告诫不要拿走最后一块饼干，我们就会觉得拿走饼干仿佛是一种邪恶的行为

我们都喜欢认为自己的行为与众不同，但研究证明现实似乎并非如此。我们需要相信这个世界是公正的、可预测的，它遵循一套有序的规则，否则我们就生活在

一个混乱的、噩梦般的世界里，任何事情都可能发生。当然，这是真的，但这是一个让人无法忍受的事实。因此，我们使用了大量的否认（感谢弗洛伊德提出这个概念），甚至牺牲我们自己的价值感，以求保全世界是安全而可知的这一神话。

也许是时候接受不确定性了？

也许这就是叛逆分子，即“坏人”过得更开心的原因。他们已经看穿了这些神话，并在一个随机、混乱但仍充满乐趣的世界里一往直前。如果我们能放下对确定性的需求，抛开规则，看看到底发生了什么，而不是让事件符合我们所想的为数不多的故事版本，我们可能会感到惊讶。“为什么是我？”这个问题没有答案。随机事件每时每刻都在发生，所以要打破规则，吃掉最后一块饼干吧，看看究竟会发生什么。

关键理论

只有**好人才会抑郁。**

——多萝茜·罗伊

公正世界信念

——梅尔文·勒纳

第二章：为什么我会这样做？

我总是每隔几分钟看一次手机，为什么我不能集中注意力？

布罗德本特 ‖ 切里 ‖ 特雷斯曼 ‖ 斯金纳 ‖ 冯·赫尔姆霍茨

在21世纪，我们被各种信息轰炸，选择性关注信息的能力成为一项重要的技能。如果你和我是真正理性的，我们的注意力就会集中在那些对手头的任务最有用的信息上。但出于某种原因，不管手头的任务是什么，我们都会一直看手机。是什么让手机如此令人不可抗拒？

每个人都知道注意力是什么，与此同时，却没人真正了解它。大体上来说，它让我们专注于一个特定的刺激（酒吧里那个有吸引力的人），而不是其他所有的刺激（酒吧里的许多其他人、酒吧本身、播放的音乐或者你手中的饮品）。这是一个涉及选择的过程，但是直到现在，心理学家仍在研究它究竟是如何运作的。我们是先思考某件事的意义，然后才去注意它，还是这件事先通过它的信号强度（比如一声巨响）引起我们的注意，然后再通过我们的认知加工区域来获得意义？

早在20世纪50年代，**唐纳德·布罗德本特**（Donald Broadbent）和**科林·切里**（Colin Cherry）等心理学家已经就“先有鸡还是先有蛋”的问题展开争论。布罗德本特说，物理特性处于我们大脑过滤系统的起点，而切里则坚持意义优先。他指出，即使在一片嘈杂的声音中，我们也总能听到别人叫我们的名字，他还（欣然地）把这种现象称为“鸡尾酒会效应”。

安妮·特雷斯曼（Anne Treisman）则认为，所有来自感官的信息都可以通过大脑的加工系统，但这些信息是在衰减之后，才能在无意识水平上通过大脑的加工系统。在这个“无意识流”中，某些东西（比如你的名字）就可能会得到注意。弗洛伊德一定会很欣赏她的观点。

近期的研究很少涉及鸡尾酒会效应，却有很多是研究大脑成像的，他们认为注意力是一个动态的、竞争性的系统。在信息处理过程中，我们的注意力在某个特定的时刻凸显了某些信息（“赢家”），而抑制了其他信息（“输家”）。这个过程涉及大脑的许多区域，并且取决于两方面：你的目标（寻找一个穿红色连衣裙的朋友，所以所有其他的颜色就被忽略了）和传入刺激的强度（如打碎的玻璃比其他一切更容易引起你的注意）。

我们的目标依赖于“自上而下”的认知加工过程，所以如果你渴了，当你走向我的时候，你会注意到我桌上的那瓶水。这种

鸡尾酒会效应

选择是内生性的，因为它来自你的内部。如果你在去办公室的路上撞到了垃圾桶并且伤了小腿，你的注意力就会被来自周围环境的“自下而上”的感官处理所吸引。这是一个外源性的或外生性过程。

这个系统有一些内在的缺陷，因为这个信息加工的绝对的选择性意味着我们会错过一些东西，尤其是当我们处在一个空间或时间都很紧张的环境中时（信息以快速流动的方式传递）。我们也有可能成为“变化视盲”的牺牲品，这意味着我们没有注意到我们核心兴趣之外的变化元素。例如，如果你正在看茱莉娅·罗伯茨和理查·基尔在《风月俏佳人》里吃早餐，你可能没有注意到她的羊角面包神奇地变成了煎饼。所以我们错过了地理空间上的信息，也错过了时间上的信息。因为有过这样的经历，所以我们知道这些“错过”很可能发生。

手机的问题可能在于，它们把所有这些吸引注意力的东西集中在一个便捷的事物上，而且这些东西会让大脑产生令人愉悦而沉迷的化学物质。在外源性的水平上，它们都会发出这些细小的声音，仿佛在说“你有短信！”或者“这是我们昨晚聚会的视频！”这些外部刺激非常吸引人。最重要的是，你可能有一些严重的内源性目标——她给我发短信了吗？那个工作录取通知来了吗？有人喜欢我的照片吗？有人评论我分享的图片了吗？而且，当我们

> 任何一个能在亲吻漂亮女孩时安全驾驶的男人，都是没有给予这个吻足够的关注。
>
> ——佚名

随机奖励不可抗拒的本质

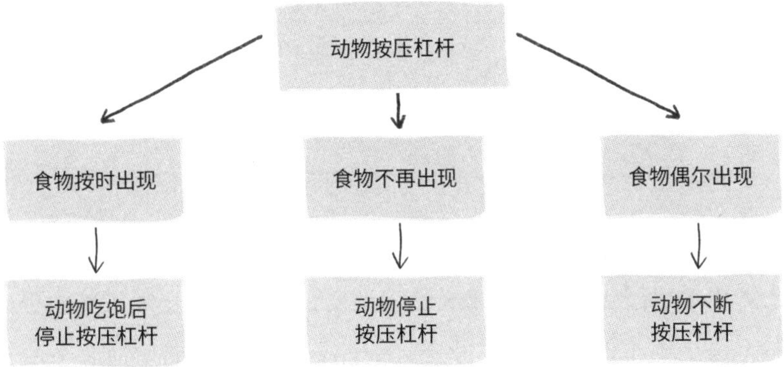

意识到我们的注意力在别处的时候，自己会错过一些事情，那么是否真的发生了其中某件事情，而我却错过了呢?

比如你收到了信息或照片。这就激活了大脑的新奇中心，你就会体验到一种以内源性鸦片类物质形式存在的“奖赏”，它会给你带来一种即时的幸福效果，但是这也会让你更难集中注意力于你目前正在参加的商务会议上（至少在身体上难以集中）。如果你对搞笑的信息/照片/视频做出回应，你就会因为这个小小的“成就”而分泌另一剂多巴胺，这是一种主要的奖励化学物质，并且当你想到与他人建立社交关系是多么美妙的体验时，也许你会分泌更多的多巴胺。

> 听众在一定时间内所能吸收的信息量是有限的，也就是说，他们的能力是有限的。
>
> ——唐纳德·布罗德本特

> 在某种程度上，我们创造了自己的体验，而不是由一个类似相机拍照的过程直接决定的状态。而知觉更像是一种可控的幻觉，而不是刺激的自动记录。
>
> ——安妮·特雷斯曼

手机也给予一种随机的奖励，而不是固定的奖励。行为科学之父**B. F. 斯金纳**（B. F. Skinner）证实，没有什么比随机奖励更让人无法抗拒（他称之为“可变比例计划表”）。他把动物放在一个装有可以按压的杠杆的盒子里。起初，每次动物按压杠杆，食物就会出现，动物吃饱了就会停止按压杠杆。当食物在很长一段时间内不再出现时，它们就不再按下杠杆。但当食物只是偶尔按下杠杆才出现时，动物们就会不断地按压杠杆。（有信息吗？有！有信息吗？没有。有信息吗？有吗？）

有趣的是，手机甚至可能利用了“内隐注意”的力量。1894年**赫尔曼·冯·赫尔姆霍茨**（Hermann von Helmholtz）描述了这一现象。他证实说，尽管眼睛可能被导向一个特定的点（你面前的记事本），但是视觉注意力可以直接“内隐地”转移到其他地方——也就是说，在这个过程中不需要移动眼睛。通过将手机保持在周边视觉范围内，即使不去完全地注视它，实际上我们也会时常盯着这个充满乐趣的小机器。

有问题吗?

很不幸，有问题。事实上，这里有几方面的问题。首先，我们会自欺欺人地认为我们可以有效地同时处理多项任务。但我们人类的注意力是有限的，如果我们把注意力分给两个或两个以上的任务，它就会变得非常分散（因此我们对其中任何一个任务都没有注意到太多），或者一个任务占用了大部分的注意力，其他的任务就会受到影响。格伦·威尔逊（Glenn Wilson）教授发现，同时处理多项任务，比如在知道有一封邮件等待阅读的情况下努力集中注意力，会导致比吸食大麻更多的认知损失。

此外，多巴胺作用于大脑的伏隔核区域。科学家在老鼠身上进行了一项实验，给老鼠提供一个杠杆，当按下这个杠杆时，就会将电信号直接传递到伏隔核，起到类似多巴胺的作用。老鼠非常喜欢它，所以它们不停地按压杠杆；它们懒得吃饭、睡觉或发生性行为。它们只是不停地按压杠杆直到它们死去。

2016年，澳大利亚新南威尔士州政府宣布，他们将试行路面交通灯，以吸引那些有时无意中走上繁忙道路的行人的注意力。这些人会忽视呼啸而过的汽车、汽车的引擎噪声、巨大的标志甚至脚下的人行道边缘等所有引起注意的线索。汽车、面包车、卡车和摩托车都不能与手机的吸引力竞争，它们完全无法引起注意，这非常危险。

核心理论

注意加工

——唐纳德·布罗德本特和科林·切里

随机奖励

——B. F. 斯金纳

内隐注意

——赫尔曼·冯·赫尔姆霍茨

我该怎样应对中年危机？

杰奎斯 ‖ 埃里克森 ‖ 荣格 ‖ 亚隆

“中年危机”一词最早出现在精神分析学家埃利奥特·杰奎斯1965年的一篇题为《死亡与中年危机》的文章中。随后心理学家丹尼尔·莱文森对40名职业男性进行了非正式采访，也发现了中年时期这个艰难的过渡时期。“中年危机”一词迅速普及，并被收入日常用语，尽管自莱文森的小样本研究以来，还没有任何研究找到令人信服的证据证明它的存在。但你看起来很焦虑。有什么问题吗？

精神分析学家**埃利奥特·杰奎斯**（Elliott Jaques）注意到，被认为是天才的人——比如莫扎特、高更和肖邦——有相当多的一部分在35岁至39岁之间去世，他想知道这个人生阶段是否有什么重要事情。他的研究表明，如果是天才，30—40岁的中后期很重要，但也分为三个不同的群体。第一组，天才从一开始就光芒四射，创作出奇迹般作品的艺术家们在35岁左右陨落（字面上或比喻性）。第二组直到35岁以后才开始创作出伟大的作品。而第三组则是有一个好的开始，在人生的这个阶段进入了最佳状态。

作为一名精神分析学家，杰奎斯发现这个转折点也存在于那些35—40岁的非天才病人，他们似乎突然意识到自己的生活受到了限制——生命有上限。仿佛他们生命的终点突然出现在眼前，让他们真切地意识到“生命中剩下的时间”，以及什么可能实现，什么可能无法实现。作为年轻人，他们曾觉得自己是不朽的，他们的梦想把他们带到了现在的位置，但突然的死亡意识让那些梦想又回到他们关注的焦点。他们曾经希望得到什么？他们取得了

> 当你凝视着年轻时的照片时，停顿一下。让这辛酸的时刻扫过你的心头，在你身上逗留片刻，品尝它的甜蜜和苦涩。
>
> ——欧文·亚隆

什么成就？目之所及，尽管可能还有一段路要走，但随着死亡的临近，他们是否还有可能做所有他们仍然想做的事情？或者这就是“他们想做的事情”？他们会困在某份工作、某段婚姻和某种环境中度过余生吗？

根据心理学家约瑟夫·纳丁（Joseph Nuttin）的观点，时间视角对我们的动机至关重要。当我们认为未来无限的时候，我们给自己设定的目标包括获取信息和资源。但当我们认为未来是有限的，我们设定的目标则帮助我们接纳自己和自己的情绪——以一种更容易接受的方式来应对我们所拥有的。关注的焦点从试图获得更多转向接受我们所拥有的和我们是谁。这种转变可能源于这样一种认识，即死亡现在就可预见，即使还很遥远，但它也使我们的注意力集中在去学习如何沉着冷静地迎接这个生命中最艰难的挑战。

这在理论上很好理解，但在实践中很难。我们可能觉得自己“都50岁了还喜欢法拉利”不合适，但是可能会坚持认为我们和以往一样充满活力，能够做一个青年可能做的一切事情，从而否认死亡这一遥远但存在的事实。看！我可以爬山，跑马拉松，

通宵狂欢。我很好！我身体非常健康！我会买一辆跑车，和一个年轻的女人约会，给自己换一个新发型，来向你（和我自己）证明我的心灵和思想是多么年轻。感到困惑和害怕吗？谁？我吗？

女性有中年危机吗？

人们似乎普遍认为，突然对成就的衡量，以及对时间流逝的恐惧，对男性的影响大于女性。L. M. 塔米尔（L. M. Tamir）认为，女性天生具有更多的自我反省能力，她们一生都在思考自己在做什么，自己要去哪里，并且在这一过程中不断调整自己的目标和自我意识。然而，其他心理学家则认为，当男性以地位和金钱来衡量他们的成就时，女性则通过关系来寻求认可，倾向于以母亲、伴侣或朋友的身份来评价自己。人到中年，她们也可能会

埃里克·埃里克森心理社会发展的八个阶段

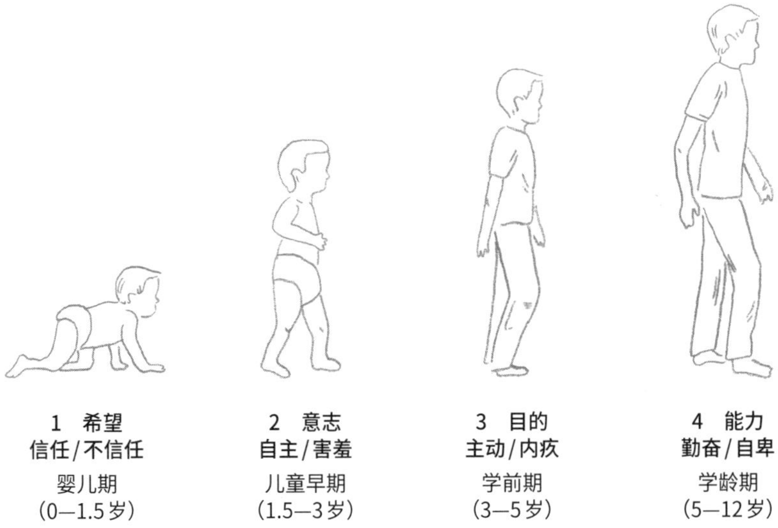

进行状况评估，并在人际关系中感到身份危机，尤其是当她们曾经全身心照顾的孩子或父母不再需要她们帮助时。

心理学家**埃里克·埃里克森**（Erik Erikson）认为，每个人在一生中都会经历特定的发展阶段，男人和女人都是一样的。就像所有早期阶段一样，中年阶段会带来一些必须成功应对的挑战。他的第七阶段，也就是所谓的中年，据说发生在40—65岁之间，涉及繁殖和停滞之间的选择。“繁殖”这一存在状态把为子孙后代谋取更大的利益和福祉作为其焦点。他说，我们在这个阶段取得的所有成就，都应该旨在帮助世界变得更美好，而不是简单地让自己中饱私囊或追求享乐。我们可以利用这一阶段的挑战——职业转变、关系变化、身体有衰老迹象——来寻找新的意义和目标。如果一个人没有成功地应对这一阶段，他可能会陷入一种只顾自

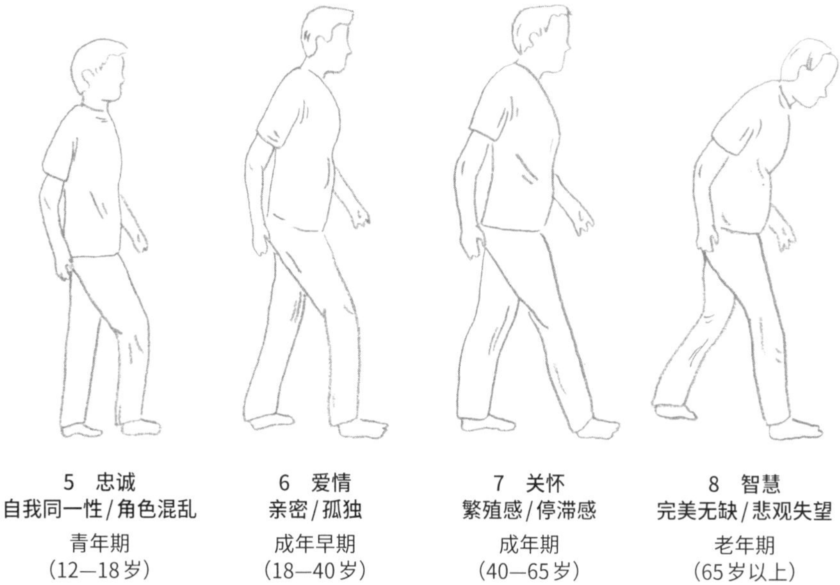

己的停滞状态。

那么中年时期的他会买一辆跑车吗？也许会。尤其是如果他有点永恒少年情结。**荣格**用这个词来形容四五十岁却表现得像青少年一样，认为自己会像彼得·潘一样“永远年轻”的男性。永恒少年往往不惜一切代价追求心醉神迷。他们珍视新的经历、新的爱情、新的挑战——他们不会被束缚。他们必须一直在追寻；如果一个任务或工作需要无聊地例行公事（可是有什么任务不需如此吗？），他就会拒绝，选择寻找新的机会、天地和追求。

精神分析学家说，这种对持续愉悦的追求是在逃离相反的事物，即抑郁、身体崩溃和（感谢埃里克森所提出的）停滞带来的的黑暗和糟糕的情绪。中年危机威胁着揭示生命的全部真相和丑恶；身体机能开始衰退，事业的缺乏可能意味着要去面对持续的财务危机——即使彼得·潘也会变得孤独！杰奎斯指出，中年意识的转折点可能会成为一面镜子，最终揭示我们成了什么样的人。对于永恒少年来说，这个时刻就像道林·格雷面对那幅因岁月流逝而枯萎的画像，而他本人作为这幅画像的主人公，却和年轻时所感受到的一样。

我们在脑海中看到地平线上的死亡之光，意识到我们终究不

> 在这个时候，一个人最好把死亡的想法放在一边，在死亡的确定性和唯一永恒的幸福之间找到平衡：提高你所在领域的善意和更高的秩序。
>
> ——埃里克·埃里克森

是不朽的。我们可以试着用华丽的汽车、整容术和染发剂来蒙蔽自己，同时消耗大量的“超级食物”，进行过度的锻炼，然而，死亡之光就在那里。荣格说，转身面对现实吧。是的，面对它，埃里克森敦促道。存在主义精神治疗师**欧文·亚隆**（Irving Yalom）说：“我或许能帮你面对它。每时每刻都完全意识到死亡是不容易的。这就像盯着太阳看：你只能强忍着看一小会儿。”你绝望地指着你的跑车。“我亲爱的人，”亚隆温和地说，“虽然肉体的死亡会毁灭我们，但有关死亡的观念可能会拯救我们。”你带着困惑，而又充满感激，再一次满怀感恩地坐在心理问诊的沙发上。

核心理论

中年危机

——埃利奥特·杰奎斯

永恒少年

——卡尔·荣格

心理社会发展理论

——埃里克·埃里克森

我平时很有礼貌，怎么会有路怒症？

潘克塞普 ‖ 卡尼曼

当你在一条双车道上开车，正和坐在你旁边的同伴聊天时，突然一辆车插到你面前，迫使你猛踩刹车。你和你的同伴身体前后摇晃，一阵灼烧般的痛苦从你脖子上的一处旧伤蔓延开来，你身后的车差点追尾。几分钟后，你看到那辆违规的车开进了一家咖啡馆。你会怎么做？

我们可能都想用自认为理性的方式回答："我可能会把车停在路边几分钟冷静下来，然后再把车开到路上继续我的行程。"不幸的是，正如心理学家一再证明的那样，我们的进化程度没有我们想象的那么高，有时我们的反应方式是基于我们与其他哺乳动物共同的大脑功能，而不是人类大脑的高级认知能力。法庭上到处都是被朋友和爱人描述为"总是那么善良和有礼貌"的男男女女，他们跳到其他司机身上，暴揍其他司机。

他们的律师可能会问，他（她）看起来像是那种会辱骂别的司机、拿刀割轮胎、在争吵中朝另一个人吐唾沫，或者对人拳打脚踢的那种人吗？当然不像，亲人们说。但不知为什么，这些过失可以发生在他们身上。那么究竟发生了什么？

路怒症似乎会引发一种瞬间爆发的、难以控制的攻击性，即使是在通常性格温和的人当中也会发生。因此，尽管"一般的"攻击性可以用性格、童年经历、环境影响甚至表观遗传学（先天与后天的结合）因素来解释，但这里似乎有其他因素在起作用。心理学家**雅克·潘克塞普**（Jaak Panksepp）的研究表明，我们需要进入人类大脑的深处去寻找答案——其实是要深入我们大脑皮层下水平，皮层下包含着我们与其他哺乳动物共同的结构和系统。它们不断地对我们周围世界的信息进行加工，在我们的意识之外，就“什么是安全的，什么是不安全的以及趋近什么，远离什么”为我们提供了一个基本的理解。潘克塞普把它们描述为“进化而来的原始的情绪–情感加工过程”，这一加工机制导致我们先行动后思考，而我们最近进化出来的皮质认知能力（在人类新大脑皮层中发现的）则帮助我们先思考后行动。

我们与其他哺乳动物共同拥有的皮层下系统之一，是一组控制基本的、带有遗传编码以及情感和行为倾向的大脑回路——换句话说，是一组预先存在于我们体内的“本能”。潘克塞普认为，我们可以把它们想象成类似于电脑的操作系统，它位于只读存储器（ROM）中，而我们更复杂的学习和认知系统更像是随机存取存储器（RAM）。只读型大脑系统是随机存取型大脑系统的基础，就像使用计算机的操作系统是掌握基本功能的关键一样。根据潘克塞普的说法，我们的“情感、激情和渴望”就在这里。他说，我们喜欢假装自己比其他动物更接近天使，所以我们倾向于否认这些“本能”的存在，但它们总是在有力地发挥作用。

潘克塞普的实验揭示了七种基本本能：**追求**、**愤怒**、**恐惧**、**欲望**、**关怀**、**悲痛**和**游戏**。追求系统使所有的动物在它们的环境中搜寻生存所需的物品，包括父母和食物。他指出，没有动物需要学习这一点，我们也不需要学习如何体验或表达恐惧、愤怒、痛苦、快乐或喜悦。实验表明，对大脑的特定部位进行直接的电流刺激就能触发这七个系统。当愤怒系统被触发时，动物表现出毛发竖起、嘶叫和咆哮，它们把愤怒指向环境中任何被视为威胁的东西。

路怒症加剧的过程

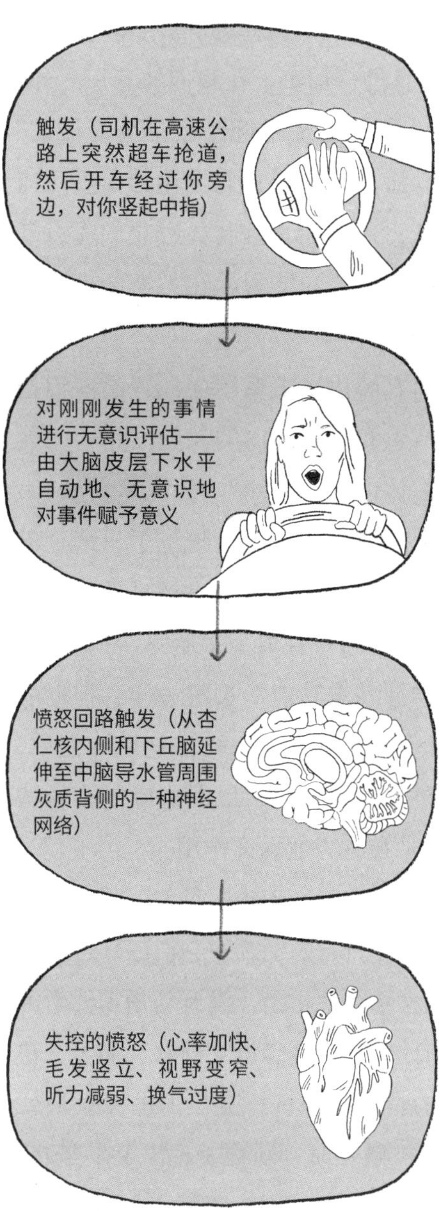

愤怒系统控制着令人费解的、突然的暴力行为，同样生气也是一种较低强度的表达方式。生气和暴怒都是由环境中的事件触发的，但是情绪本身是因为特定类型的刺激进入大脑中的“愤怒电路”而产生的。甚至婴儿也很容易被触发。将婴儿的手臂放在身体两侧几秒钟，你就会看到婴儿被这种行动自由的限制激怒了。这是愤怒回路的关键触发点，同时也是挫败感的触发点——因为行动的自由和实现所追求的目标是追求系统的一部分。这两个系统似乎是密切相关的，阻止追求系统的事件可以触发愤怒回路。就像潘克塞普说的那样：当一台自动售货机拿了你的钱却不给你分发商品时，谁没有经历过短暂的因沮丧而引发的愤怒呢？如果你不饿，或者现在还有硬币，你也许可以

> 下次你生气的时候，在你的脑海里摇起一个小铃铛，问问自己：我受伤了吗？我害怕吗？或者我感受到了羞辱？你总会发现，以上情况，至少有一个适合你。
>
> ——雅克·沃顿

利用你的高级大脑（新大脑皮层）的认知能力告诉自己，这种情况仍然可以解决。但是，如果你饿了、没有钱了、又热又渴，还可能在重要的活动中迟到了，而自动售货机又没能出货，愤怒系统就会被触发到这样一种程度：认知的、理性的系统就会被有力地摧毁。

快思考和慢思考

这种观点在某种程度上与**丹尼尔·卡尼曼**（Daniel Kahneman）的“快思考和慢思考”（fast and slow thinking）不谋而合。卡尼曼认为我们有两种不同的思维方式，他称之为系统1和系统2。

快速反应的系统1“寻求一致性”——它寻求模式和意义，并迅速得出结论（“他突然超车抢道，是故意的！”）。系统2比较慢，可以当场对这些结论提出质疑。这个系统负责自我控制，但正如卡尼曼所指出的，系统2通常很懒惰，容

> **思考：快与慢**
> **（丹尼尔·卡尼曼）**
>
> **系统1**
>
> 快速、直觉、无意识、完全令人信服、充满感性。
>
> **系统2**
>
> 较慢、复杂、有意识、理性、能做出判断和计算。

易疲劳（在正式术语中，这是“自我损耗”）。在这种情况下，它非常乐意接受系统1得出的（通常是错误的）结论。“是的，那家伙是故意超车抢道的。”它同意了这一点。既然你在遵循系统1，自控力就不起作用。更重要的是，因为系统1不接受歧义，所以你不仅感觉他故意跟你抢道，而且你也知道他就是故意欺负你。

触发愤怒系统

潘克塞普认为，就像卡尼曼认为系统2有时影响系统1一样，高级认知心理影响着经过初级加工的情绪。然而，潘克塞普指出，这个过程包括两个阶段：一方面，思维可以改变感觉；另一方面，思维是象征化观点的载体，所以象征也可以改变感觉，比如一个挥舞拳头的象征性手势。这意味着，对动物来说，生存威胁会触发初级加工过程，而对人类来说，象征性的手势和语言也会触发它们。结合一个实际的生存威胁和领土威胁（一辆汽车在高速公路上冲进你的车道），加上你所爱的人（你身边的伴侣或孩子）受到威胁的因素和一个古老的象征性手势（比如竖起手指），再加上内在的压力增加的因素（比如疲劳、饥饿），甚至是低血糖（系统2需要葡萄糖！），愤怒回路就会突然被全力触发。

那么我能做什么呢?

神经科学家道格拉斯·菲尔兹（Douglas Fields）是研究路怒症的专家，他说，最好的办法是学会识别如何让触发程序失效——尽管你感觉“啊，好生气！”，但你实际上并没有处于危及生命的境地，也没有必要“消灭”这种威胁。如果你感到压力越来越大，那就在触发愤怒系统前采取行动缓解压力：吃饭、睡觉、出去走走、听听舒缓的音乐。如果你注意到愤怒的生理迹象（心率加快、下巴紧绷），就用你更复杂的认知系统（系统2）来抵消无意识操作的系统1产生的观念，停止你正在做的事情，集中意识，关注你此刻的所在。对我们大多数人来说，这并不容易，但可以通过正念练习来学习。在加州的圣昆廷监狱，他们开设了一门专门的内观禅修（insight meditation）课程，教犯人如何发现“迫在眉睫的危险时刻”，即愤怒即将爆发为暴怒和暴力的时刻。这些人都在服无期徒刑，通过实施“引导愤怒转化为能量（Guiding Rage Into Power, GRIP）”的项目，他们学习如何追踪和管理导致他们犯罪的强烈冲动。该公司创始人雅克·韦尔杜因（Jacques Verduin）表示，在迫在眉睫的危险时刻，会发生三件事：一切都加速了，一切都加剧了，接着是片刻的悔恨。通过学习发现迫在眉睫的危险时刻，路怒症可能会像所有的愤怒一样被化解。

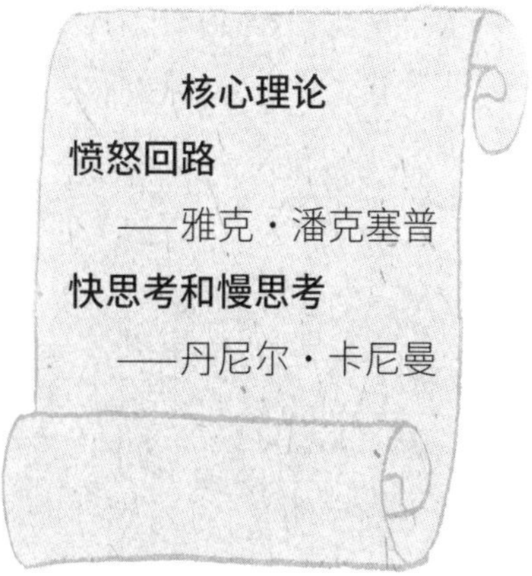

为什么我总想做无偿的志愿者呢？

马斯洛 ‖ 塞利格曼

快乐原则是弗洛伊德最早的理论之一，即我们总是被驱动着去做某事，这种动机源于一种我们想要避免的“不愉快的紧张状态”。换句话说，我们总是被鼓励从痛苦（身体上的痛苦或情感上的紧张）转向快乐。目前还不清楚无偿工作是如何让你远离痛苦的，但亚伯拉罕·马斯洛可能提供了答案。

亚伯拉罕·马斯洛（Abrahm Maslow）是人本主义心理学的奠基人，人本主义心理学在许多方面都与弗洛伊德的精神分析主义截然相反，尤其是在对人性本善的信仰上。弗洛伊德认为我们

马斯洛的需求层次理论

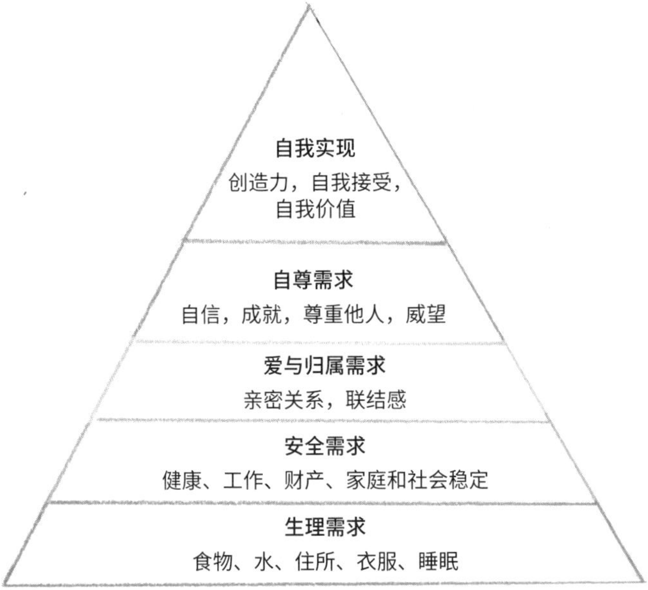

> 我们社会中的所有人……都需要或渴望一种稳定而可靠的高度自我评价。
>
> ——亚伯拉罕·马斯洛

本质上是自私的、好色的、好斗的，而马斯洛则坚持认为，人本质上是善良的，偶尔会因为痛苦而做出不好的行为。人本主义和精神分析方法都同意，我们的动机是从痛苦转向快乐。马斯洛还指出，痛苦往往很容易定位，因为它来自一种可能很容易识别的未被满足的需求。

马斯洛最著名的是他的需求层次理论，它认为我们有五种基本类型的需求。这些都是我们的本能，或者说是我们大脑中的固有结构，对我们的生存和健康至关重要。层次结构反映了它们在我们内心的优先级，因此最基本的需要——对空气、水、食物和睡眠的生理需要——必须得到满足后，才能考虑任何其他需要。第二层次的需要——安全和保障的需要——反映在我们对人身安全、稳定和保护的追求上。换句话说，一旦我们知道我们有呼吸、饮食所需的资源，我们就会寻求安全。一旦这种需要得到满足，我们的优先级（按照动机）就变成了爱和归属感，我们开始向朋友和家人寻求关爱和归属感。

第四个层次的需要是自尊需要，这可以通过内部（通过对我们的能力、成就和独立性的认识）或外部（通过他人的判断和尊重）来得到满足。马斯洛认为，内在获得的自尊是一种比通过外在方式获得的“更高级”的自尊，尤其是因为它比他人的善意和判断更可靠，而后者可能极不一致。

为什么自尊很重要?

20世纪30年代，马斯洛参加了由精神分析学家阿尔弗雷德·阿德勒（Alfred Adler）主持的研讨会，每个周五晚上在纽约的格拉梅西公园酒店（Gramercy Park Hotel）举行。阿德勒认为缺乏自尊会导致严重的自卑感，马斯洛也同意他的观点，即低自尊水平是大多数心理问题产生的根源。马斯洛说，当我们的自尊水平很低时，我们就会感到自卑、软弱和无助，这反过来又会让我们产生挫败（和沮丧）这种基本的感觉，或者为了过度补偿这些不舒服的感觉而做出疯狂的努力。由于无法产生足够高的内在尊重感，我们会越来越注重于获得他人的尊重，而最容易的方式是在道德或经济上获得高度的尊重。

我们可以通过许多方式到达道德高地，并以此获得他人的尊重。最简单的方法之一可能是为公益事业做志愿者——公开且频繁地做志愿者。通过这种方式，我们可能被视为“社区栋梁”，并且获得这一地位所拥有的所有尊重。总之，这似乎是一种简单的方式，可以将现实世界中的行为转化为他人的好感和更快乐的内在自我，但马斯洛会提醒我们，从他人的判断中寻求自尊是危险的。他们不仅可能改变自己的想法，而且这条通往更强自尊的道路有效地阻碍了通往自我实现（需求层次的第五层级）的道路。这是一种真正自主的状态，在这一层次上，一个人的思想和行为不是由社会决定的，而是由他们自己的价值观决定的。马斯洛说，到目前为止，我们一直受到各种缺失性需要的驱使，我们一直在寻求满足这些需要。一旦所有这些需要都得到满足，我们就可以清楚地看到我们是谁，我们真正相信什么，我们希望如何生活。

一旦需求得到满足，更高层次的需求就会被感受到，并成为优先级需要。只有第五层次的自我实现的需要不是缺失性需要，而是一种对成长的追求

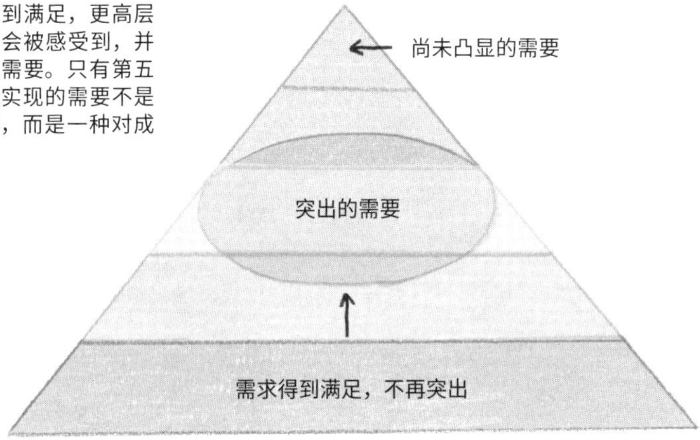

这才是人生真正的目标，在那里我们才能充分发挥自己的潜力。

从第四级开始向上凝视，我们可能会发现自己突然需要更多的自尊，这会让我们感觉有点沮丧，甚至畏惧。但马斯洛的理论是建立在需要和这些需要被满足的基础上的，这就意味着我们并不需要因这种迷恋而沮丧和畏惧，它是需求满足后对更高级需求的正常追求。但是他声称，固定在某一层次的需求通常和这些需求在童年时期极度不满足有关，成年后，人们可能会理解这点，并且加以弥补。如果你小时候在一个战火纷飞的国家长大，成年后你可能会发现自己痴迷于需要一间设备齐全的厨房或非常安全的住所。如果你的父母在你小的时候离婚了，你可能会发现自己一直对你的伴侣心存疑虑。如果你小时候经常受到羞辱，你可能会有极度自卑的感觉。

肯定的效果如何？

目前的研究表明，肯定并不是正确的做法。尽管在浴室的镜子上贴上带有正面肯定的便利贴的方法可能很诱人，但这并不比

人类至少存在五种目标，
我们可以称之为基本需求。
这些基本需求包括生理需求、安全需求、爱
的需求、自尊需求和自我
实现需求。
亚伯拉罕·马斯洛

（心理）事件的过程总是由一种不愉快的紧张情绪所推动的。
——西格蒙德·弗洛伊德

别人对这面“镜子”的反馈更可靠。它只触及意识层面（但缺失感隐藏得更深），并能引发内心的争论或冲突（“我是个聪明人”或“不，你不是！你是一个笨蛋！”），这可能会让人筋疲力尽，并制造出另一种紧张感。另一方面，心理学家西内（Senay）、阿巴拉钦（Albarracin）和野口（Noguchi）发现，问自己问题（而不是对自己陈述）可以改变自信。在一项实验中，他们发现，当人们为解决字谜游戏的任务做准备时，他们问自己是否能够做到，而不是告诉自己能够做到，结果会显著改善。

奇怪得很，我们不断地告诉自己我们能做什么和不能做什么，就好像我们还不知道这一点。因此，你可能会发现自己在等着做报告，然后被诸如“你在报告方面很烂”和“你不擅长这个——你会搞砸的”这样的想法淹没。疑问句的方式抓住了这些问题，把它们变成问句。我的演讲很烂吗？这避免了冲突（或者是弗洛伊德式否认这一防御机制造成的能量损耗），并增加了怀疑。然后你可以开始问其他的问题，比如上次你做报告的时候发生了什么？你喜欢哪些时刻或因素？你如何成功地处理其他潜在的焦虑，比如飞行？这种方法会激发好奇心——克服恐惧的少数几种情绪之一——并激发你有意识和无意识的思维。

从长期来看，**马丁·塞利格曼**关于生活三个维度的观点可能有用。积极心理学的创始人塞利格曼说，我们最初的目标是过上快乐的生活，健康、安全和友谊的需求得到满足。之后，我们往往会追求**幸福的生活**，这包括发现我们独特的美德和优势，并利用它们来改善我们自己的生活。塞利格曼认为，这是一条提升自尊的好途径，它建立在真实评估我们的技能和才能，以及恪守勇气、爱、正义、节制、智慧和灵性等几乎所有文化都珍视的美德的基础之上。

最后，塞利格曼说，我们发现自己追求一种**有意义的生活**，我们利用这些优势服务他人，从而获得满足。那么，这是否意味着坚持做志愿者是件好事呢？也许吧。问题似乎是：你想成为志愿者是因为这是你的充实生活中令人愉快的、有价值的一部分，还是因为某种难以理解的、不可抗拒的原因让你觉得你**需要**成为志愿者？在弗洛伊德的字典里，“冲动”是一个最受欢迎的词，可以肯定的是，它会让你再次开启心理咨询。

核心理论

需求层次理论

——亚伯拉罕·马斯洛

人生的三个维度

——马丁·塞利格曼

当她说"我穿这个显得屁股很大吗？"时，我为什么撒谎？

伯恩 ‖ 斯皮兹

"我穿这个显得屁股很大吗？"从表面上看，这是一个直截了当的事实问题。然而，因为这个问题实际上是在问"你觉得它大吗？"，所以答案是很主观的。这看起来关乎礼貌，因为对方希冀得到一个否定回答，但埃里克·伯恩想知道，她真正想问的问题是什么，以及这其中的运作机制是怎样的。

埃里克·伯恩（Eric Berne）创立了心理治疗的一个分支交流分析（Transactional Analysis），通过观察我们彼此之间的"交流"来了解关系的动态，尤其是从对话方面来观察了解。他说，交流往往以链条的形式进行（他说→她说→他说……），因此，每一个反应实际上都是一种刺激——它会引发下一个反应。

根据伯恩的说法，交流的第一条规则是，只要交流是"互补的"，沟通就会顺利进行。这在伯恩的方法论中有着特殊的意义，它与我们和他人的"自我状态"（或精神状态）有关。如果这些状态相互补充，我们的交流就会顺利进行。伯恩认为，我们的大脑就像录像机一样，它会捕捉所有的感官信息（视觉、听觉等）以及我们在事件中所体验到的感受，把事件生动地记录下来。这些"录像"会储存在大脑中，当回忆的时候，不仅能让我们回忆起当时发生的事情，还能让我们准确地感受到当时的感觉。这些记录分成三个主要的分组——父母、成人和儿童——它们代表了我们在日常生活中交流时的三种来回切换的不同的心理状态。

你现在处于什么状态?

伯恩认为，与人生最初五年经历的外部事件有关的那组记忆集群是联结在一起的，当这些记忆被唤起时，往往会让人进入一种父母型的心理状态（或自我状态）。父母型自我的信息主要是从父母那里学到的，可能包括“永远不要和陌生人说话”这样的告诫。在这种心理状态下，我们的思维、感受和行为都像儿时的父母（父母和其他人），我们倾向于给自己和他人提供建议。

儿童早期的内部事件集中在儿童型自我状态下，记录了从重大事件中学习到的情绪体验，如“小丑真的很可怕”或“过节很令人兴奋”。当我们处于儿童自我状态时，我们进入了儿童时期的生存状态；如果我们有一个快乐的童年，这就是一个有趣的、创造性的、充满想象的自我状态。

成人型自我状态是从一岁以后的记忆中发展起来的，它代表着更科学的自我，它会注意到所说的话和正在发生的事情之间的差异。这一自我状态以实事求是的方式运作，是最贴近当下现实的自我状态。当我们处于成人型的心理状态时，我们会把事件看作信息，做出理性的决定。

家庭生活和婚姻生活……可能是年复一年地重复同一游戏的变体。

——埃里克·伯恩

> 游戏是真实的亲密感在真实生活中的替代品。
>
> ——埃里克·伯恩

这和屁股有什么关系呢？

当伯恩说沟通只有在互补交流的情况下才能顺利进行时，他的意思是说，说话的两个人都以互补的状态做出反应。例如，如果A说："我的手表在哪里？"B说："在旁边的桌子上。"这是一个互补的成人—成人交流模式。但是如果B回应说："你总是把所有的事情都怪罪于我！"他已经变成了孩子型，并把反应指向了父母（这部分人可能会责怪别人）。成人→成人的提问遇到了非互补性的孩子→父母的反应。

任何人都可以问别人"屁股"的问题，但是为了便于跟踪，

互补交流

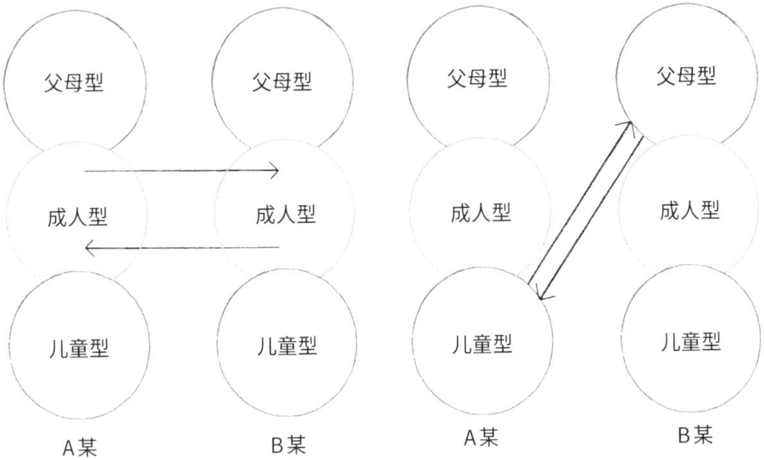

这些交流是互补的，因此对话会顺利进行

我们假设这是一个女人问她的男性伴侣关于她屁股的问题。如果他们都处于成人型自我，他可以给她一个真实的评估，看看这条裙子或裤子的设计是否能让她的屁股看起来翘一些。然而，在这种情况下我们都会犹豫，因为这听起来不像是真正想问的问题。我们都会意识到这种回答有多冒险，部分原因是我们怀疑这是在测试被提问者对提问者的感受，根本不是对衣服的感受。这看起来是来自成人型自我的问题，但也许真正的、潜在的问题来自儿童型自我："你还爱我吗?"或者至少是"你现在觉得我怎么样?"如果男人以成人型自我的方式回应（"我觉得条纹衬得你的屁股宽了"），女人（处于儿童型自我）可能会突然生气，说出类似"我知道你坐在那里就在想我很胖!"之类的话。这里的交流不是互补的，沟通也就陷入了停滞。

我们都需要安抚

1800年，在法国的阿维隆森林里发现了一个孩子，他似乎是在野外长大的。这个孩子赤身裸体，肮脏不堪，不会说话，被剥夺了所有"文明"交际，他无法学会说话，也无法以社会可接受的方式行事。大约140年后，**勒内·斯皮兹**（René Spitz）对孤儿院儿童所做的童年期剥夺对儿童影响的研究表明，缺乏个人关注或他人的关爱，会导致极端的发展缺陷。在出生后的第二年和

交叉交流

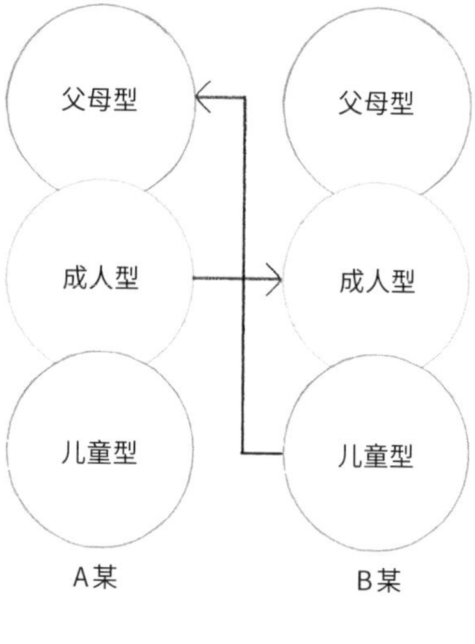

第三年，所有的控制组的家庭养大的孩子可以走路和说话，而26个孤儿院的孩子中只有2个可以这样做。伯恩认为，人类有一种“被认可的渴望”，可以通过语言、触摸甚至是眨眼等细微的动作来满足。他说，人们经历过的认可个人的任何事件，都让人感觉像一次“安抚”。正向安抚（比如一个拥抱）比负向安抚（比如一记耳光）要好得多，但是只要是安抚就是我们追求的。

游戏进行中

这就是屁股这个问题的利害所在吗？也许提问者的儿童自我是在寻求安抚，而遗憾的是，回答者没有做到这一点。或许，这不仅仅只是一场互相安抚。这种交流可能是一场更大游戏的一部分，这场游戏将贯穿一段关系的整个时期。在伯恩的术语中，游戏是一种仪式性的交流，具有巩固关系的功能，将一种关系锁定在一种特定的平衡形式和状态，尽管这种“平衡”在外人看来可能很痛苦。游戏对双方玩家都有回报，这可能会让非玩家感到很不愉快或困惑。

伯恩描述了许多不同形式的游戏，并坚持强调这些游戏无关乐趣——它们几乎可以涉及任何事情，从避免亲密关系到放任毒瘾。游戏者的行为受到严格的监管，游戏双方在一定程度上都“赢”了，实现了他们寻求的回报。

关于“屁股”的问题可能是一个更大的游戏（比如“拒绝”游戏）的一部分，一个人对另一个人发出挑逗性的行为（或许是炫耀她美丽的臀部），直到另一个人完全投入到诱惑中。然后，第一个人完全地拒绝和否定了第二个人——令他感到不适，而她很享受这一点。然而第二个人（为了便于理解，我们假定这是个男性）可能并没有看上去的那样无辜，伯恩说。他可能在玩一种“来踢我”的游戏，就像戴着写有“不要踢我”的标志，不可避免地会招来一脚踢，从而使“玩家”不停地问:“为什么这种事总是发生在我身上?”或者，这两名玩家可能会陷入一场吵闹的游戏中，玩家会不停地挑剔彼此，他们不断地大声争吵，摔门而出，同时不再有任何亲密的两性行为。

核心理论

交流分析

——埃里克·伯恩

童年剥夺

——勒内·斯皮兹

所以，在回答关于屁股这个问题之前，不妨思考你现在处于什么样的心理状态，你在玩什么样的游戏，这可能会很有趣。然后考虑对你的伴侣而言，什么可能是正确的。或者像我们大多数人一样谨慎行事，简单地回答:“你看上去很可爱。”

我有飞行恐惧症，该如何克服？

卡尼曼‖特沃斯基‖贝克

人们对飞机的恐惧从飞机开始飞行时就已经存在了。1903年，莱特兄弟首次飞行成功，仅仅11年后，飞机在第一次世界大战期间被用于侦察时，关于“航空神经症”的报道就开始大量涌现。大量的飞行员和机组人员出现失眠和消化不良等神经症症状，并且不愿飞行。从那时起，恐惧和飞机就联系在一起。

那些飞行人员的反应是有理由的。1903年至1914年的11年间，超过1000人死于飞机上，战争期间超过14 000名盟军飞行员丧生。航空事业仍处在发展初期，所以飞机没有特定的规格，这意味着飞机的稳定性（和可靠性）很低。这些由木头和织物制成的飞机很难飞行，而且飞行员们只接受了两到三个小时的训练。他们也完全暴露在外部自然环境之中。1915年盟军飞行员预期的平均生存期限只有11天，而在战壕里10个人中9个人能幸存下来。这意味着，从一开始飞行事业就是十分危险的。这一看法在20世纪是准确的，但人们给飞机贴上的“危险”标签从未完全丢掉。这似乎只是我们对飞行和飞机做出的错误判断之一。

真实风险还是感知风险？

恐惧与感知风险有关。如果要求你沿着一块牢固地扎在草地上的30米厚的木板走路，你可能可以很从容地漫步其中，欣赏美景。然而，如果这块同样的木板被悬挂在20米的空中，你可能会把所有的注意力都集中在这块木板上，当尝试在这块木板上行走的时候，你体验到高度的焦虑。事实上，你可能会说:“我不去了，谢谢。”任务的难度——沿着木板走——并没有改变，但是你对风险的感知已经改变了。在这样的高度中即便是沿着宽如马路的木板走，你也会感到非常难受，因为你现在满脑子想的都是意外事故。伴随着风险的增加，焦虑也理所当然地随之而来。我们之所以体验到焦虑也正是因为这个原因——它能帮助我们活下去。但当实际风险没有改变时，感知风险的增加意味着焦虑感可能被错误地引发。

使用捷径

出于各种各样的原因，人类并不擅长判断风险。**丹尼尔·卡尼曼**和**阿莫斯·特沃斯基**（Amos Tversky）声称，这主要是因为我们使用有限数量的“启发式”或判断式捷径来将复杂的概率判断简单化。我们喜欢快速地思考和决策，然后继续前进。当涉及判断风险时，内在偏差会以多种方式将我们拖入错误的判断中。其中之一是“可得性偏差”，这意味着我们倾向于高估可以快速且容易被想起的事件的发生概率。人们很容易联想到被媒体广泛报道的事件，例如当你想订机票的时候，很容易联想到飞机失事或恐怖主义。此外，如果这些事件引发了一种情绪反应，比如恐惧，我们的大脑就会增加它们的联结强度，而“可得性偏差”意味着它们现在“更可能”发生。因为这个原因，人们判断因意外死亡的概率要比中风或者糖尿病高，尽管中风导致的死亡人数是意外事故的两倍，糖尿病是其四倍多（但在调查中，人们认为意外事故造成的死亡概率是糖尿病的300倍）。

错误的思维

卡尼曼和特沃斯基认为，我们把事件可以被联想到的强度（记忆唤起的思想和感情的强度）与事件发生的频率混为一谈了。1977年，两架大型喷气式飞机在特内费里岛的一条跑道上相撞，造成583人死亡。这条可怕的消息引起了我们的注意。然而，在美国，每8小时因心脏病死亡的人数是一样的。如果这些死亡事件在电视上被报道，我们就会担心心脏病即将发作。

我们误判风险的另一个原因是我们忽视了基本概率。例如，这是对一名男大学生的描述：他非常聪明，但缺乏创造力；他喜欢干净简洁的系统和科幻游戏，但对其他人缺乏共情，很难与他们互动。这个学生更有可能学习计算机科学/工程学还是人文科学/社会科学？如果你发现你选择了前者，那么你的思维已经被“代表性”启发策略所操纵。这个大学生可能在你的脑海中看起来是某个特定子集的“典型代表”，但是你忽略了一个事实，即学习人文科学和社会科学的学生人数要多得多。因此，不管学生的性格如何，他都更有可能学习人文科学或社会科学，而不是工程学。在判断概率时，基本概率——某一学科的学生人数——在统计学上比学生的性格更重要。

就飞机而言，坠机的基本概率是远低于车祸的。这个数字不只是略低于，而是远低于。数据显示，在“9·11事件”之后的一年里，很多美国人放弃乘飞机旅行而转向乘坐更危险的汽车，结果导致大约1500人丧生。在“9·11事件”之后的一年里，从乘飞机到乘汽车的巨大转变提高了数百万人受伤和死亡的风险，尽管他们觉得自己正在改变计划以降低风险。（记录显示，在空难中

思维扭曲的类型（亚伦 · 贝克）

极端的思考：	你把事情看得黑白分明
过度概括：	你把一个单一的负面事件看作持续不断的灾难
心理过滤：	你挑出一个消极的细节，然后沉迷于其中，直到你对“现实”的整体认识变得黑暗和危险
排除积极因素：	你会因为这样或那样的原因拒绝正面事实，说“它们不重要”
草率下结论：	虽然没有证据支持，但你对某一事件做出了即时的、消极的解释（比如，一名空中乘务员皱着眉头）
灾难化：	你把威胁的程度夸大到灾难等级
情绪推理：	你认为你的情绪反映了现实，如果你感觉到它，它一定是真的

死亡的概率约为1/11 000 000，车祸发生的概率为1/10 000。）

这不合逻辑。那又怎样呢？

逻辑也许是我们战胜飞行恐惧（或者我们现在所说的飞行恐惧症）的最好工具。**认知行为疗法**也支持这一论断。这种疗法假设恐惧源于我们内心的想法。认知疗法（认知行为疗法的前身）

据统计，每100万飞行小时造成的事故少于2.5起。
——英国民航局，2008年

> 通过纠正错误的信念，我们可以降低过度反应
>
> ——亚伦·贝克

的创始人**亚伦·贝克**（Aaron Beck）认为问题的症结在于我们的认知扭曲引起的一系列连锁反应。例如，我们做出了一个可怕的事情将要发生的判断（“飞机要坠毁了！”），恐惧在这个想法中就产生了，我们开始变得焦虑，身体也开始出现一系列焦虑的生理症状。

贝克说，更糟糕的是，这些症状能引起一系列其他的症状——我们内心恐惧的想法使我们变得焦虑，更加关注自己身体的颤抖和心跳加速，这使我们产生了其他恐惧的想法，从而增加焦虑等等。如此循环，直到我们进入完全的应激防御或者逃跑反应，包括隧道视觉（一种视野变得狭小的状况）、听力减退和呼吸困难等。这进一步加剧了恐惧，直到我们确信自己会死。如果我们以灾难性的想法（比如“飞机要坠毁了”或者“我要从木板上摔下来死掉了”）开始这个过程，几秒钟之内我们就能到达极度焦虑的状态。然而，如果我们可以在第一时间之内避免做出这些判断，那么我们可以防止整个恶性循环。

认知行为疗法鼓励人们质疑自己的想法和假设，并接受真实的证据。在所有被用于避免飞行恐惧的方法中，有两个最为实用，“反驳消极想法”（也称为“与自己争论”）和持续飞行。暴露消极想法很有必要，因为这有助于通过脱敏疗法使我们对飞机的看法正常化，并逐渐降低对其危险的无意识估计。新的数据显示，现在已经有几家航空公司开设了课程，提供从深入、准确的信息到

放松技巧的全方位服务，在虚拟飞行和最终实际飞行中都会不断地解说，准确地解释正在发生的事情。今天的飞行“王牌课程”可能让你相信今天的飞行要比飞行初期安全得多，它将会提供所有必要的信息来帮你做出真正的风险判断。

核心理论

认知偏差

——丹尼尔·卡尼曼和阿莫斯·特沃斯基

认知扭曲

——亚伦·贝克

人们往往会将事情灾难化，倾向于想到可能发生的最糟糕的事情。
亚伦·贝克

我为什么总喜欢飙车？

朱克曼 ‖ 范·克里夫 ‖ 西格尔 ‖ 弗洛伊德

在心理学家看来，危险的快速驾驶属于“高风险行为”，根据驾驶者当时的情绪健康状况，心理学家找到了几种可能产生该行为的原因。神经科学家找到了能够解释青少年对风险需求增加的原因，同时也记录了成年人冒险行为中大脑所产生的化学物质，这可能是其中的原因之一。但不管怎么说，危险驾驶似乎与我们所有的生存本能背道而驰。弗洛伊德会觉得这一现象非常有趣。

自然的快感

喜欢把车开得飞快，最简单的解释就是你可能只是喜欢这种飞奔的快感。从事极限运动的人很容易就会发现，当他们强迫自己去做一些极端的、与死神竞争的事情，比如蹦极时，大脑的奖励机制就会被激活。“奖励”产生大量的多巴胺，多巴胺是一种神经递质或大脑化学物质，可以产生愉悦、积极和幸福的感觉。

然而，以这种方式寻求刺激有一个很大的缺陷。1983年，**马文·朱克曼**（Marvin Zuckerman）对喜欢寻求刺激这一现象进行了调查，发现极限运动者，比如跳伞者和水肺潜水者，与赌徒和吸毒者一样，在寻求感官刺激的测验上得分较高。这引发了对寻求刺激作为一种消极人格特征的研究，因为表现出这种特征的人似乎不考虑身体、社会、经济甚至法律风险。此外，一旦习惯了通过危险运动和药物引起的过度兴奋刺激，成瘾者和刺激寻求者都很难再从饮食或者社交等日常生活中体验到快乐。在这些情况下，多巴胺的大量分泌会让人上瘾，所以这种行为变得越来越频繁，而正常生活似乎失去了大部分吸引力。

都是权力惹的祸

拥有权力的人和我们生活在不一样的世界。巨额的金钱和无限度的（金钱）支持使有权势的人变得自信，而这种自信往往会转化为傲慢。他们不太需要遵守规则，因为惩罚通常是可以避免的，他们甚至会通过无视规则来展示自己的特权地位。研究者**戈尔本·范·克里夫**（Gerben van Kleef）想知道这是否是双向的：如果有权有势的人觉得打破规则更自由，那么打破规则是否会让我们体验到掌权的快感？

范·克里夫做了一些实验，让人们观察并评论那些违反规则的人。他们看着形形色色的人把烟灰扔在地板上，擅自拿别人的咖啡，或者把他们的脚放在桌子上。与他们周围有秩序的“遵守规则”的人相比，违规者被认为更有权力和控制力。以粗鲁的行为为例，比如弹烟灰或言语无礼，会让目击者判断这个人更有可能是决策者，或能够说服其他人听他的话。研究者得出的结论是：“人们认为违反规则的人拥有随心所欲行事的权力。”如果公路限速是60英里每小时，而你的车速是100英里每小时，你这是在用行动表明你已经强大到凌驾于法律之上。

如果你意识到你自己正在这么做，也许你应该想一想你自己到底想让别人知道什么。

你可能会把危险驾驶视为简单的轰鸣声，但弗洛伊德会说，一种内在的暂时性死亡冲动已在你的内心升起

> 我们的保姆们试图用他们关于天堂的摇篮曲来平息这场巨人之战。
>
> ——西格蒙德·弗洛伊德

你可能想让他们觉得你很强大，但实际上他们可能会有完全不同的想法——你是一个爱炫耀的人——或者更专业的表达，一个自恋者。自恋者常常自我膨胀；他们不仅认为他们是特殊的，而且他们应该得到特殊的待遇，规则也并不能约束他们。自恋者花费大量的时间和精力来证明他们有多么重要和聪明。他们要求一切都是最好的，包括食物、小配件，甚至人也都要尽可能是大人物，以此尽可能地表明他们有多么重要。当自恋渗入到生活的方方面面时，它的代价可能是昂贵的，包括经济上的和社交上的，但偶尔的快速驾驶可能只是一种暂时的自恋反应。真相如何，只有你自己最清楚。

年少轻狂

按照大脑对人年龄阶段的划分，如果你是一个青少年，那么毫无疑问，你的年龄肯定在12岁到24岁之间。根据神经科学家**丹尼尔·西格尔**（Daniel Siegel）的研究发现，除了生理、荷尔蒙和性器官的改变，青少年的大脑结构也将发生重大变化。众所周知，大脑在任何年龄都能发生变化（这被称为“神经可塑性”），但在青少年时期，大脑发生的这些变化会增加对新奇事物的追求、社交参与度、情感强度和创造性探索。

青少年追求更多新奇事物是因为大脑多巴胺分泌增多，导致生存的目的就是死亡。
——西格蒙德·弗洛伊德

新异刺激被体验为一种非常有益的东西，这又增加了人们寻求新的、稍微令人震惊的经历的动机。与此同时，青少年发展出超理性的思维，这意味着大脑评估中心放大了积极体验的重要性，而降低了消极后果的严重性。西格尔认为，青少年因此只追求以100英里每小时的速度开车带来的刺激感，而低估其他潜在的威胁，比如撞车或者撞死自己或他人。

与死神共舞

研究者发现，一些人做危险的事情，是因为他们喜欢在此之后一段时间内带来的不一样的生活体验。危险行为引发的恐惧体验可以类似于那些在致命事件或环境（如疾病、自然灾害、严重事故或其他形式的创伤）中幸存下来的人的感受。根据这些人的描述，经历过这些，他们对自己的生活和目标有了更清晰的感知，对生活中的每一个人和每一件事都有了更深的认识。这是因为他们更加强烈地意识到死亡近在咫尺，这与人们在青少年时期

性本能（或生的本能），被认为是个体和物种生存的驱动力

> 文明发展的意义对我们来说已经相当明确了。它必须表现出生和死之间的斗争，生存本能和毁灭本能之间的斗争——就像它在人类中表现的那样。
>
> ——西格蒙德·弗洛伊德

否认死亡的可能性完全相反，尽管两者实际涉及的风险可能完全相同。

死的本能

根据**弗洛伊德**的理论，风险不是首要考虑的因素。1920年，他发表了《超越快乐原则》一书，书中说道，尽管他之前的观点是正确的，即所有精神活动都源自从不快乐转向快乐的动机，但还有其他因素在起作用。他观察到了从战争中归来的人们继续经历着可怕的回忆，于是便思考为什么会这样。为什么他的一些病人会表现出一种“强迫重复”可怕或创伤性事件的冲动？是因为回忆起战争场景，还是由于在诊疗室里和他相处的过程中产生了类似的经历（比如被拒绝）？

弗洛伊德认为人还有第二种本能，与生的本能同等重要，他称之为死的本能。生的本能（也称Eros，即爱神厄洛斯）积极地保护着个人和整个物种的生命；它的驱动力是健康、安全、营养、生育等，与爱和合作等积极情绪相关。死的本能——后来被称为Thanatos（塔纳托斯，希腊神话中的死神），是古希腊人对死亡的拟人化称呼——是一种走向死亡和毁灭的本能。它与恐惧、仇恨、愤怒等负面情绪以及各种形式的攻击有关。弗洛伊德说，这种驱动力是最原始的，因为它是一种把我们从存在带回到无机的虚无之中的动力。生命从死亡/虚无中产生，然后与之对立——它必须不断地抵抗回归到那个状态。

文学理论家特里·伊格尔顿（Terry Eagleton）将死的本能描述为“精神分析的真正丑闻”，因为这种观点从本质上说明了所有人都在无意识中渴望自己的死亡。自我试图升华这种欲望，或者把它所有的攻击性驱动推到其他人身上（战争由此爆发），但是我们的本能在无意识上渴望回到这种死亡或者虚无的状态。码头尽头的深水吸引着你，与陌生人发生无保护的性行为诱惑着你，以及踩油门的冲动，都深具诱惑力。弗洛伊德警告说，要小心行事，因为这些诱惑让你触碰到的是最原始的本能，它是一种拼命自我毁灭的本能。

核心理论

寻求感官刺激

——马文·朱克曼

死亡驱力

——西格蒙德·弗洛伊德

为什么我每天晚上都看肥皂剧？

库贝‖奇克森米哈伊‖邓巴‖蔡加尼克

不仅你是这样。电视是工业化时代最受欢迎的消遣方式——平均来说，人们每天花3个小时看电视，这占据了他们一半的休闲时间。按75年的寿命来算，人们看电视的时间加起来长达9年。在所有的电视节目中，肥皂剧似乎最能吸引我们的注意力，不让我们离开它。当然，事实上是我们不愿拒绝肥皂剧，但神奇的是，感觉好像恰恰相反。也许，这就像威士忌酒瓶对酒鬼的召唤一样？

看电视没有错，除非你自己认为有错。每天看电视少于2小时的人不会花时间去担心这件事，但是每天看电视超过4小时的“重度用户”说他们希望少看一点；他们看电视的时间比计划的要长，感觉无法关掉电视走开。研究人员**罗伯特·库贝**（Robert Kubey）和**米哈里·奇克森米哈伊**发现这是事实。根据这些重度用户的自我报告，看电视的时间越长，从电视中得到的乐趣就越低，但他们就是无法从中抽离。

考虑到库贝和奇克森米哈伊把看电视的人称为“用户”，那么我们有必要思考一下，他们是不是期望发现电视用户存在成瘾行为。但是，这么称呼也可能是因为他们发现，长时间看电视的人和滥用药物的人有许多相似之处。例如，两者都反复（但不成功）戒瘾；当致瘾物被移走时，两者都戒断了“毒瘾”；两者都比自己预期的更经常“使用”致瘾物；而且两者花费了大量的时间在致瘾物上，无论是电视还是可卡因。

库贝后来说，临床上并没有足够确凿的证据支持电视会使人成瘾的说法，但它确实以一种难以抵挡的方式吸引着我们的注意力。库贝和奇克森米哈伊认为，这是因为电视完全参与了我们的定向反应——对环境中任何突然或新的刺激做出的一种本能的视觉和听觉反应。如果听到撞击声，我们就会去寻找它。如果一个移动的物体进入视野，我们就会自动地看它。研究表明，婴儿对电视的反应与我们是一样的，他们躺在地板上，伸长脖子旋转180度，就只是想看看，就像库贝和奇克森米哈伊所说的，“那边的窗户缝里透出的是什么光”。

这意味着，电视正在吸引人们对运动物体的天生的敏感性，这种敏感性是我们的祖先在远古时代为了发现和追踪敌人，以便维持生存的过程中发展起来的能力。这似乎是一个很有说服力的理由，去查看角落里那个闪烁的、吵闹的机器里装的是什么。但是当我们已经意识到它不仅不具威胁性，而且还没有特殊的吸引

虽然婴儿看电视是因为被对声音和视觉变化的定向反应所吸引，但是如果内容对他们来说不那么有趣，他们就不会继续看

力时，我们为什么不关掉它呢?

看肥皂剧有好处吗?

肥皂剧迷可能会指出各种各样电视肥皂剧有趣、有意义和增长见识的地方。青少年声称，肥皂剧为他们打开了一扇通向成人世界的大门，为他们提供了宝贵的信息。他们喜欢思考不同的角色如何应对剧中出现的社会冲突，思考他们自己会如何处理这些情况。就像成年人看肥皂剧一样，他们也喜欢与家人和朋友讨论故事情节和人物。这些都是丰富的社会经验，无论是通过学习、想象还是节目结束后与现实世界中的人进行实际社交的方式。

古希腊哲学家亚里士多德最先指出，人类“本质上是一种社会动物”。而进化社会心理学家指出，人类已经在以血缘为基础的小型群体中生活了300多万年。他们认为，为了解决群体生活带来的问题，人类的思考和行为方式在不断地进化。不同国家的人们都使用大量的词汇来描述一个人在多大程度上是合作型的人还是主导型的人，是潜在的领导者、敌人还是盟友。1992年，约翰·托比（John Tooby）和丽萨·考斯米德（Lisa Cosmides）发现，如果我们在社交场合中发现“骗子”的逻辑难题，我们会非常擅长解决它们。换句话说，我们着迷于观察社会互动。甚至有一个理论——马基雅维里式的智力假说——认为灵长类动物的智

定向反应是我们对任何突然或新奇刺激的本能的视觉或听觉反应。它是我们传统进化的一部分。

——罗伯特·库贝和米哈里·奇克森米哈伊

对于完整性的需要

格式塔心理学家已经从故事到形状中发现我们对事物完整性的需求。在这里，尽管图中未显示，但你仍可以看到统一、完整的形状

力进化主要是为了解决复杂的社会问题，而不是为了寻找食物或使用工具。

罗宾·邓巴（Robin Dunbar）的社会八卦理论认为，得益于人类语言的进化，我们能够掌握复杂的社会关系，并找到在大型社会群体中维持这种关系的方法。这表明，寻找彼此交流的方式和群体生活对我们的生存至关重要，以至于我们的语言、行为甚至思维方式在很大程度上都是围绕着社会互动而发展起来的。

邓巴的理论指的仅仅是青少年认为自己从肥皂剧中提取的社会信息。同样，我们其他人也从不同背景和文化的人们的思维和行为习惯，以及看待和解决社会问题的许多方式中，得到一些有用的建议。就像古老的定向反应本能被闪烁的、嘈杂的电视捕捉，

然而，找到一个貌似合理的解释并不意味着人们会对被打断的事实感到满意。相反，人们有时候会竭力反对被打断。

——布鲁玛·蔡加尼克

电视将是对现代世界的一种考验……我们将会发现一种新的、无法忍受的对平静生活的干扰，或者空中弥散的救赎的光芒。

——埃尔文·布鲁克斯·怀特

我们对于持续增加的有关社会关系和社会互动知识的需要也在进化，这一本能的推力使得人们的注意力转向肥皂剧。

此外，还有一样东西可能在起作用：人类记忆的运作。1927年，心理学家**布鲁玛·蔡加尼克**（Bluma Zeigarnik）解释了这一作用机制。在她所做的一个又一个实验中，她发现，如果我们在完成一项任务过程中被打断，从而没有完成它，那我们比完成任务的人多识记90%的内容。这就解释了为什么餐馆的服务员不用记笔记就能记住一整桌人点的菜，但是一旦付了账单，这些信息就被遗忘了。人类的大脑会储存着那些待完成的事情。蔡加尼克的工作促使了对人类“恢复”倾向和结束理论（到达终点的需要）的研究。

我们特别不喜欢在某件事中间停下来，这也可以解释为什么连载会如此吸引人。无论是看从前的杂志，还是看今天的电视肥皂剧，都是如此。蔡加尼克发现她的实验对象强烈反对被打断——一旦某件事开始了，我们就想知道它是如何结束的。尤其是当它是一个故事，而这个故事是围绕人际关系展开的时候，那就更是如此。1979年，欧文斯（Owens）、鲍尔（Bower）和布莱克（Black）向听众描述一个女人在做的几件事情，包括煮咖啡、看医生、买牛奶、听讲座和参加派对。当一组听众被告知这位女士怀了她教授的孩子时，他们突然对她那一天发生的相关事件描述得更加丰富，与对照组相比，前者对那些事件的记忆也明显增强。

我们对电视和没完没了的故事做出反应似乎是一种进化的结果。但我们仍然有时间去做其他事情，这真是太神奇了！

核心理论

电视成瘾

——库贝和奇克森米哈伊

结束理论

——布鲁玛·蔡加尼克

我该怎么避免在见家长时出丑？

戈夫曼 ‖ 温尼科特 ‖ 米勒

这个问题听起来好像你意识到自己在扮演某个角色，那我们首先要求助于欧文·戈夫曼。尽管戈夫曼是一位社会学家，但他的思想仍然是戏剧疗法形成的关键。戈夫曼说，把自我看作一个有机体是错误的——自我只不过是从一个场景或者情境中产生的“戏剧性效果”。

在《日常生活的自我展示》一书中，**欧文·戈夫曼**（Erving Goffman）指出，当一个人面对一群想了解他的陌生人时，这些陌生人了解得越多，他们就越为符合他们的期望而高兴。我们通过观察他人的衣着来寻找这类信息，此外，还观察他们的口音、发型、身体姿势、面部表情等等。通过这一方法，我们建构起一个新认识的人的形象，但是戈夫曼指出，我们必须打心底里接受这个人——我们必须告诉自己，他真的就像他所呈现的一样。

与此同时，这个人也想要获得某些东西。他可能希望自己遇到的新朋友对自己有很高的评价，或者希望这些新朋友相信自己对他们有很高的评价，或者自己可能希望扰乱他们所有的期望，保持某种神秘感。（这三种情况都可能在与伴侣的父母见面时出现。）戈夫曼指出，这一切都是因为人们希望拥有控制感：初次见面想要控制其他人对自己表现出的行为和他们对自己的看法。这意味着他可能会大大偏离“自然”的自我，表现出与自己对待朋友、伴侣、老师、老板等人截然不同的一面。按照戈夫曼的说法，我们每个人都会根据我们所处的环境扮演相应的角色。在戏剧疗法中，正是这种“似乎是这样”的表现能力将我们从习惯性的表现方式中解放出来。

戈夫曼不会因为你在伴侣父母面前表现出的“古怪行为”而责怪你，因为他说，社会要求我们都这样做，以保持日常生活的正常运转。他还说，坦率地展示自己、表达自己真实感受的想法很乐观，但不是必需的。新来的人必须传达“一种他感觉到其他人都能暂时接受当下情境的看法”，好让每个人都能感到高兴。戈夫曼还说，他可以通过压抑自己内心真实的感受来做到这一点。

哗众取宠

我们假装成别人来让周围的人开心的观点一直存在于心理治疗和精神分析中。你会发现自己变成了你认为的他们心中子女的“完美伴侣”，因为你已经在自己的父母面前做了大量的扮演完美儿子或女儿的练习。一些治疗师会说，这对我们所有人来说都是无可否认的事实，因为我们通过变得惹人爱来确保获得父母不断的关爱——这是一种必须要改变的、主观的状态，这种状态取决于“惹人爱”对相关人的意义。

唐纳德·温尼科特声称，当我们拥有“足够好的”父母教养时，我们就能培养出一个真实的自我（但是不能保证你不会在压力下扮演某个角色，比如见伴侣的父母时）。在把自己的需要和欲望看得比孩子的需求更重要的父母的照顾下，婴儿会很快学会抑制自己的需要，以便成为父母理想中的孩子。“虚假自我”就这样开始发展，它甚至发展到这样一种程度：真实的自我完全隐藏起来，既不让别人看到，也不让自己看到。在这种情况下，你有可

生活像一场戏剧表演

戈夫曼说，社会行为是在观众面前的一种戏剧表演，有舞台、道具等等。例如，在餐馆里，用餐区是一个“舞台”，服务员（演员）通过递给你菜单（道具）并请你点餐，将剧本付诸行动。食物（更多的道具）在厨房（后台）准备好后，服务员会用适当的仪式（绝对是表演！）送餐，然后消失（到幕后）。你是整个演出的核心观众。但这绝非这么简单，因为这不仅仅是在你面前表演，而是它和你相关。所以，正如你是扮演服务员的演员的观众一样，他也是你的观众，而你是在扮演顾客。戈夫曼说，从这个角度看，社会可以被看作一座大型的剧院，配合着（最）默契的演出

虚假自我的出现

真实的自我包含着虚假自我的成分

虚假自我从真实的自我中提取出来，并成为可见的自我

能过着非常成功的生活，学术、事业和经济上取得全面成功，但同时会感觉自己像个骗子，很难与他人建立有意义的关系。温尼科特说，这样的人不能完全地展示自我，他可能会觉得自己在沉睡，在梦游中度过一生。

错误的尊重

当精神分析学家**爱丽丝·米勒**（Alice Miller）意识到她的很多来访者在童年时都受到过不公正的对待时，她恍然大悟，开始注意到这个观点。与此同时，这些来访者却忠诚地认为他们的父母是好的父母，他们童年期的生活真的很好。米勒认为，在这种情况下，忠诚源于对被遗弃的无意识恐惧，“成人般的孩童”往往一生都在等待父母的爱，哪怕以牺牲自己为代价，也要坚定地维护父母的善良形象。而他们自己一定是“坏的”，这是他们应该受到的惩罚（参见上文第47页罗伊如何将类似的想法与抑郁症联系起来）。

通过心理治疗，米勒帮助人们挖掘和重新诠释记忆，在这一过程中重新发现那些为了让这个神话般幸福的家庭继续运转而被

> 因此，自我作为一个表演性的角色，并不是一个有特定位置的有机体，有机体的基本命运是出生、成熟、死亡：它是从一个场景中扩散出来的一种戏剧效果。
>
> ——欧文·戈夫曼

搁置一边的真实感受。米勒建议我们摒弃“孝敬父母”的观念，除非他们的行为值得我们尊敬。否则，这种想法会毁掉孩子，让他们忽视自己的感受，以至于无法知道自己真正喜欢什么或想要什么，让他们有一种无法解释的负罪感，这种负罪感会持续一生。

那么这是个问题吗?

虚假的自我似乎只是空中楼阁，或者它可能只是一个面具，一个快乐的人暂时戴上它以迎合社交。只要你有“像个傻瓜一样行事”的想法，就意味着你并非不知不觉地活在一个虚假的自我中，而是发现自己偶尔会为了适应这种情况而戴上保护性的伪装面具。戈夫曼认为，你的目标是达成“工作共识”，这是可以理解的，因为你“有试图控制他人对情境的印象的动机”。你希望他们喜欢你——不是不顾一切地喜欢你，而是因为

> **核心理论**
>
> **生活是一场戏剧表演**
>
> ——欧文·戈夫曼
>
> **虚假自我和真实自我**
>
> ——唐纳德·温尼科特

这样会对他们有益。这是完全正常的、可以理解的，但你可能会发现，在未来的场合，你需要慢慢地让真实的自我表现出来。但是，弗洛伊德可能会想弄明白这些取悦他人的需要，并指引你到上文第28页。

为什么我总是买同一品牌的产品？

华生 ‖ 卡尼曼 ‖ 麦克林

当营销那不易被察觉的影响力遇到非理性的无意识思维时，你手里突然就多了一块巧克力。至少神经营销者希望每个人都坚信我们的决定是由“爬行脑”（控制生命基本功能）做出的。那我们做决定真的那么简单吗？

1922年，心理学和广告成了合作伙伴，当时的一家广告公司智威汤逊（JWT）聘请了心理学家**约翰 · B. 华生**（John B. Watson，现在被称为“行为主义之父”）为他们提供咨询。华生因证明可以在动物和儿童身上诱发条件反射而出名。巴甫洛夫证实了狗在面对刺激时会做出某种特定反应，在他的研究的基础上，华生证实也可以使人在面对刺激时做出某种特定的反应。这对于理解行为来说，是巨大的飞跃，因此当华生因为不光彩的离婚事件被约翰斯 · 霍普金斯大学解雇时，世界上最大的广告公司之一智威汤逊很乐意雇用他。

真正的特征并不重要

华生的任务是研究如何利用心理学说服人们购买产品。在他进行的第一个实验中，他研究了品牌忠诚度的力量（尽管这个词在当时还没有发明）。他要求吸烟者通过吸烟来识别香烟品牌，结果发现他们甚至不能识别出自己经常使用的品牌。作为一个行为主义学家，华生对此非常惊讶；他过去认为人们会通过味觉和生理感受对他们所选择的品牌产生条件反射。不过，他发现了品牌

> 我开始意识到，观察一种新产品销售曲线的增长，就像观察动物和人的学习曲线一样令人兴奋。
>
> ——约翰·B. 华生

能唤起消费者的感受和情绪体验；人们买东西不是因为品牌的特征，而是因为品牌带来的“氛围”。华生推断，消费者已经具有条件反射特征（比如被笑脸或者高低起伏的乡村图片吸引），而广告商只需要利用这些特征即可。换句话说，广告商应该把重点放在传递能够吸引消费者心理特质的信息上，而不是通过关注产品的特点来销售产品。

基于进一步的研究进展，华生认为，成功的品牌形象应该能够塑造一种形象或人格特征，用来迎合消费者的条件性欲望，例

三位一体脑

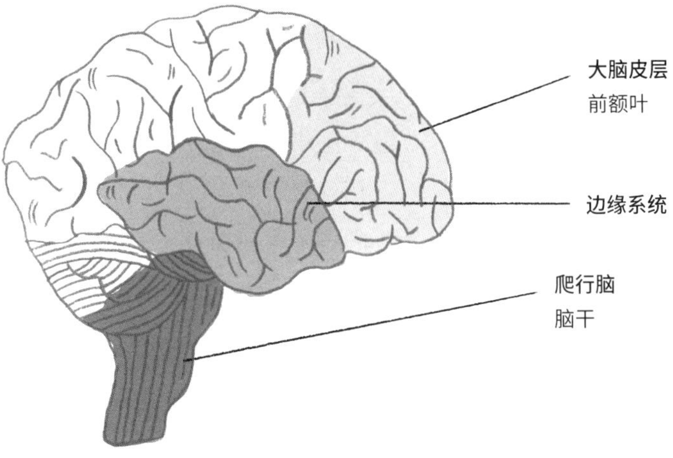

人脑是在进化过程中发展起来的。大脑最古老的部分包括爬行脑的结构。边缘系统与哺乳动物的结构相同，而新大脑皮层首先被认为对灵长类动物很重要

如条件性的（即非天生的）对高地位和财富的渴望。因此，智威汤逊的客户之一，麦斯威尔咖啡公司（Maxwell House coffee）在广告中加入了一些华丽的场景，比如女演员莉莉·朗特里（Lily Langtry）在一张用蜡烛装饰的餐桌上喝着麦斯威尔咖啡，旁边还有一位打着黑领结、抽着雪茄的绅士。广告不再聚焦于产品，而是聚焦于购买这些产品能够体现的消费者特征。

天生就能快速做出决定

很明显，华生说到点子上了。事情是这样的：我们的大脑生来就会受到无意识偏见的影响。这不是弗洛伊德所说的无意识（尽管他可能会说这两者是一样的），而是当今的心理学家和神经学家提出来的“无意识”。换句话说，是科学家提出来的“无意识”。这是**卡尼曼**发现的快如闪电的“系统1”（参见上文第69页），它能够每秒处理约10万亿次的运算，同时将极其有限的思想传递到我们的意识中供我们思考。这个系统需要快速地“思考”，所以它在大脑的各个层面都有捷径可走。

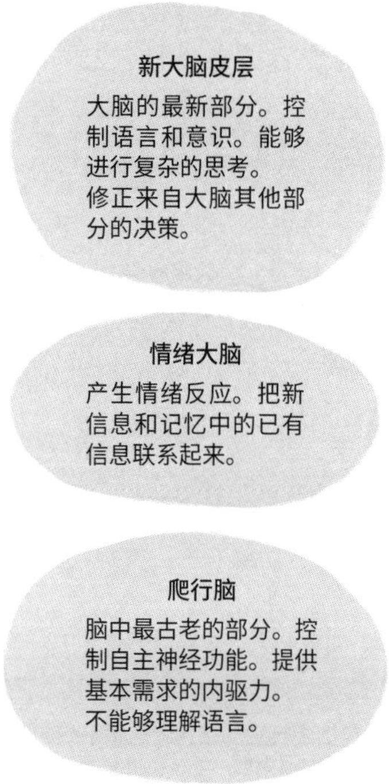

神经科学家试图简化人类大脑的基本运作过程，他们使用“三位一体脑”的模型描述了大脑的三个主要加工区域。模型的设计者**保罗·麦克林**（Paul

MacLean）解释人类大脑在进化过程中是如何变化的，大脑的三个不同阶段是接替进化的。最古老、最低层次的大脑被称为“爬行脑”——它控制自主功能（如呼吸），并驱动基本需求，如进食、饮水、交配，当然，最根本的还是生存。大脑的这一部分不会从错误中学习；它往往是僵化和强制的。它接收感官信息，但无法理解语言（因此对广告中的词语没有反应）。

在这之上是我们和所有哺乳动物都有的情绪大脑或“边缘系统”。边缘系统能产生对刺激的情绪反应，将我们从痛苦的事情转向更愉快的事情，并将信息储存到记忆中，帮助我们从经验中学习（比如，“嗯……那很好吃，我还会再吃的”）。

最顶端是新大脑皮层——大脑进化的最新部分。所有哺乳动物身上都能发现新大脑皮层，但除了人类的新大脑皮层体积约占大脑体积的76%以外，其他动物的新大脑皮层体积都很小。这部分大脑处理语言和意识；它使我们能够进行复杂的思考、计算，更重要的是，修正来自大脑其他部分的决策。只要有机会，它就能克服偏见（这是卡尼曼的系统2，参见上文第69页）。然而，市场营销会采取策略让我们在更长远地思考之前做出决策。神经营销学声称，它可以让每一种产品精确地做到这一点。

神经营销学能操纵大脑吗？

神经营销学使用各种各样的工具，比如大脑扫描仪、眼球追

> 我们并不是用眼睛看，而是用大脑看。
>
> ——保罗·巴赫-利塔

踪器、面部编码和生物反馈，来测量人们对产品的真实反应，而不是让他们说自己有何反应（因为结果是我们经常对市场研究人员撒谎——谁知道呢？）。他们声称，大脑的无意识反应可以告诉他们一个产品将会有多成功。一些神经营销者认为，他们应该将营销直接引导到最低级的爬行脑。因为这是第一层次的反应，所以它能迅速做出决定（冲动购买）。营销人员吸引爬行脑的方法包括利用视觉图像编码的信息而非语言（因为爬行脑无法阅读），使用虚构情结（因为爬行脑无法分辨现实和虚构），诉诸人天性的自私和摆脱痛苦、趋向快乐的动机，以及通过标新立异来吸引注意。

爬行脑能养成习惯吗？

爬行脑可能会让我们伸手去拿我们最喜欢的巧克力棒，而情绪化的大脑，可能使我们在产生负罪感（对价格、卡路里等问题），即第二种反应之前，让你产生“我爱这些！”的感觉，并在喜欢与负罪感两者之间摇摆。在我们做出理性的反应之前，我们可能会先走到收银台，这就是为什么我们一到家，就会发现冲动购物显得很奇怪。但是习惯性的购买确实有一些其他因素，来吸引我们的爬行脑。我们天生对新奇的事物保持警惕；它吸引了我们的注意力，但也带来了潜在的危险（“那个我以前从没见过的条纹动物有没有危险？”），并放慢了我们思考的速度，这在我们处理数万亿位的数据时是个问题，所以我们对已经检查过的信息

核心理论

条件性情绪反应

——约翰·B. 华生

三位一体脑

——保罗·麦克林

感到更安全。我们也喜欢让我们的期望得到满足：超市里会摆满要买的食物，而不是活的动物；生日聚会很有趣，而不是考验人的耐力。如果我们的期望得到满足，我们就不会受到威胁——威胁不能从一种“管他呢？”的感觉触发。我们感到安全就足够了。而且人类的神经系统——包括大脑的每一部分——都喜欢一种安全感（或不受干扰的稳态）。这也许可以最终解释，为什么你最喜欢的巧克力棒第一口吃起来感觉那么好。

第三章：他人

为什么我很难找到命中注定的那个人？

弗洛姆

这是一个看似平常，却令人百思不解的问题。似乎找到真爱应该很容易——从所有的线上相亲广告来看，寻找爱情就像买房子：只要你尽可能地多看，尤其多看那些符合你要求的人，就一定能遇到那个最般配的人。看起来，重要的是“参数”要明确，即你要寻找什么样的伴侣，然后一直努力去找，一切都会水到渠成。所以，问题难道只是因为你不够努力吗？

精神分析学家**埃里希·弗洛姆**（Erich Fromm）恐怕会被这种方法吓坏。作为恋爱方面的专家，他在1957年出版的《爱的艺术》中说道，我们看待这个问题的方式完全是错误的，主要是因为“我们的整个文化都建立在购买欲的基础上”。也就是说，我们会认为只要在足够多的商店橱窗里寻找，我们就能找到一个完美的人，那就是命中注定的那个人。他说，这种观点存在着许多不合理的假设，尤其是把对方看作想要的“物品”。我们似乎在说，当两个人觉得对方是他们在市场上能够找到、可以得到的最好的东西时，真爱就发生了。

与某个特定的人的关系不是爱的主要部分：它是一种态度，一种人格取向。
埃里希·弗洛姆

弗洛姆提出的关于建设性人格的演进过程

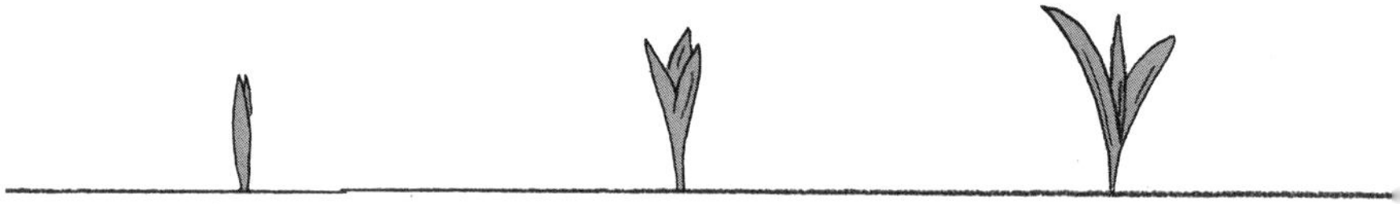

如果这听起来都算苛刻，那么对于弗洛姆而言，还有更难听的，因为他认为我们正梦游着走向永恒的孤独。人际关系的商品化并不会让世界变得更美好，也不会让人们更幸福。当我们认为这是一个有关“获得爱”而非“给予爱”的问题时，这其实是一种自恋的表现。这也意味着，我们不得不通过积累金钱、地位和美貌来让自己成为合适的恋爱对象。还有一个不合理的假设，我们认为一切都是关乎对象（找到一个合适的人），而不是掌握一项技能——爱与被爱的能力。弗洛姆说，人们认为爱很简单，但是找到一个爱的对象很困难，而事实上恰恰相反。不然为什么会有那么多失败的恋情呢？爱是一门艺术，要学习爱就需要像学习音乐、绘画或木工一样，需要掌握很多东西。爱需要你的奉献。

爱情是一件自然而然的事情吗？

当然是的。问题是，我们对爱情的看法被诸如“总有一个人在等待着我去找到他”的消费主义文化和误导性神话所扭曲。在柏拉图的《会饮篇》中有一个广为流传的古代神话，说人类曾经是完美幸福的球形生物，有八个手脚和两套生殖器，但是有一天他们惹怒了神，于是宙斯将每个人切成了两半，所以每个人都是

在寻找自己的另一半。在世界各地的童话故事中，都能听到这样一个神话：找到自己的“完美伴侣”，就一定会有一个幸福的结局。正是这样的童话故事将“完美伴侣”的观念植入我们的内心。但是弗洛姆，作为一个现实主义者，认为这是个十分荒谬的想法。这就好比一名艺术家懒得学习绘画，他总认为，完美的物体或模型出现时，他就能画得很漂亮。那么，除了在爱的市场中购物，我们的意识还发生了什么变化？

都要围着我转

弗洛姆写道，我们需要停止自恋（“看看我，我是不是很可爱？”）和唯物主义（“他符合所有的条件，我就选他”），而应仔细看看这种对爱的需求从何而来。因为，从本质上讲，人类生存的环境是极度孤独的。我们孤独地出生，孤独地死去，我们的朋友

> 这不是……关于如何让你的男朋友更关注你的诡计……而是我如何能够增强我的敏感性和爱的能力。
>
> ——罗洛·梅

和亲人都会在我们之前或之后死去。我们不仅独立于其他每一个生命，而且也意识到这一点，正因如此，我们在地球上的动物中是独特的。

他说，我们应该这样做。爱是唯一能打破隔离我们彼此高墙的力量，但要想实现真正的亲密关系——思想、灵魂和身体的真正相遇——这种结合必须是两个进化的或者建设性的人格的结合。这是弗洛姆提出的最高人格类型。他提出了六种人格取向，其中五种只会导致不快乐。他告诫我们：如果想体验真正的爱情，不要仅仅做一个接受者，不要期待一切都落在你的盘子里，让别人为你负责。这是一条通向受虐关系的道路。抵制囤积的冲动，即把一切——甚至人和想法——都看作自己的所有物。不要利用剥削的方法，只有当他人允许你操纵的时候，你才能进入一段关系（这是虐待狂的方式）。避免“哦，好普通”“新的就是好的”的市场营销导向，这些问题都是在爱情市场中司空见惯的现象。伴侣不仅仅是为了让你装饰门面的。最后，不要成为恋尸癖的牺牲品，不要被死亡和死去的东西所吸引，也不要被纯粹的机械/技术世界和它对生命的模仿所吸引。爱需要你毫无保留地把自己奉献给生活。

丰富的爱

弗洛姆说，唯一一种能够掌握爱的艺术的人，是“没有面具”

如果他们能够成功地呵护彼此之间的距离，在广阔的空间中看到完整的彼此，那么就可以一起过上美好的生活。

——R. M. 里尔克

> 性吸引暂时造成了结合的幻觉，但如果没有爱，这种“结合”会带来和以前一样疏远的陌生人的感觉。
>
> ——埃里希·弗洛姆

的爱的生产者。这类人不会被人为的社会习俗和强迫所束缚，他们会以开放、灵活和感兴趣的方式应对挑战。他或她不害怕接受真实的他人，并且完全地接受他们。在爱情中，他们完全付出，但绝不认为这是一种牺牲。根据弗洛姆的观点，给予是最有力的表达；在给予的过程中，我们体验到了自己的优势、价值和力量。正是这种给予和分享我们的快乐、兴趣、理解、知识、幽默、悲伤的欲望才是爱的真正动力。我们会关心他人，回应他们的需求，永远尊重他们。在这个语境中，“respect”（尊重）可追溯到它的拉丁词根：respicere，意思是“看”，因为我们需要看到别人的本来面目，而不是我们希望看到的样子，并帮助他/她以自己的方式“成长和展开”。最后，我们必须准备好去了解对方内心的最深层面，当他/她生气时，我们要知道他/她同样在焦虑、担心，在感到孤独，所以我们能看到对方的痛苦，而不是对对方报以同样的“愤怒”。为了做到这一点，我们必须成长为真正独立的人，能够“脱离拐杖，无须支配和剥削任何人”地行走。不需要寻找真命天子。弗洛姆说，对爱的追求源于对孤独的强烈意识，然而矛盾的是，一个懂得并享受独处的人，才有着真正爱人的力量。

那么我应该停止寻找真爱吗？

弗洛姆会建议你停止寻找真命天子，直到你意识到你不再需

核心理论

爱的艺术

——埃里希·弗洛姆

要寻找那个人——你自己就可以了。只有这样，你才能准备好去爱一个人。他写道："成熟的爱是在保持一个人的完整性和个性的条件下的结合……爱情中的矛盾就是，两个人合二为一，却又保持着各自的独立。"如果这让你踌躇不前，他可能会补充说，"分析疗法本质上是一种帮助患者获得或恢复爱的能力的尝试……"然后带着善意的微笑，再一次引导你走向诊疗室。

公司的新人为什么对我那么友好？

弗洛伊德

友好通常不会使我们忧虑，但这个问题背后隐藏着一丝焦虑和困惑；在你看来，这种友好似乎是不应得的，或者说也没有足够的人际交往经验作为支持。有可能是情爱的吸引在推动友谊，但如果是这样的话，你不太可能感到困惑——除非你在不知情的情况下做出了类似的反应。“啊，”弗洛伊德高兴地搓着手说，“无意识在起作用，也许那个新来的家伙把你当成他妈妈了吧？”

弗洛伊德可以说是第一个同意现实是一个难以确定的东西的人。哲学家们几千年前便指出，我们只有五种感官能感知我们身体之外的“外部世界”。如果有另外五种感官，我们可能会以完全不同的方式感知和体验这个世界。弗洛伊德不会对此提出异议，但他想再增加一些难度。我们感知到的信息是通过我们的大脑来解释的，这种解释取决于我们已经学会的组织经验。也就是说，我们每个人理解这个世界的方式，将会影响我们对这个世界的认知和解释。事件、地点甚至事物对不同的人来说，都有不同的含义。

《弥诺陶洛斯的诱惑》的作者艾纳伊丝·宁（Anaïs Nin）很好地解释了这种不同：“他们一起沿着塞纳河行走——她看到它柔滑的灰色，它的蜿蜒和闪闪发光，而他却会用浑浊发酵的泥浆将它涂抹，一堆酒瓶软木塞和杂草散落在这摊死水的浅滩边缘。”就像犹太法典《塔木德》中说的那样：“透过事物，我们看到的不是事物本身，而是我们自己。”

在移情过程中，病人用过去来误解现在。
——奥托·费尼谢尔

构建关系模板

更复杂的是，弗洛伊德会说，我们甚至有一半时间不知道“我们如何看待事物”，因为我们将太多的思想从意识中驱逐出去（参见上文第9页）。还有一个事实是，当我们第一次学习如何在这个世界上生存时，我们会根据小时候初步学习如何生存时形成的人际“模板”来解释我们与他人的关系。婴儿是无助的，要依赖成人持续的照顾才得以生存；因此，婴儿很快就会从周围人那里了解到他们的行为对身边每个人有什么影响（如果做错了，可能会威胁生存）。婴儿也需要温柔、联结和自我表达，所有这些都需要另一个人的积极参与，所以掌握关系的艺术对孩子的持续健康发展至关重要。正如心理治疗师理查德·厄斯金（Richard Erskine）所说，对一个孩子来说，核心问题是“在这样一个世界里，像我这样的人，和像你这样的人在一起，会做些什么？”在解决这个问题的过程中，我们会为我们与早期照顾者之间的关系建立关系模板，它将在随后的所有关系中发挥作用，除非这些模板进入意识层面，并以某种方式被破坏。

移情

模板（弗洛伊德称之为“刻板印象”）控制着我们如何看待他人和与他人相处，以及我们对他人的期望。例如，如果你的父亲很严厉挑剔，那么当你第一次见到你的老板，正巧他比你大20岁或30岁左右，你会发现自己会假设出各种各样的事情。你可能会认为他正在评判你，而且已经开始对你不尊重了，这反过来又会让你感受到并表现出防御性。如果他确实说了一些不中听的话，你可能会想自己永远不会成功，并希望自己从未接受过这份工作。这并不疯狂——这是一个弗洛伊德称之为移情的过程，在这个过程中，我们把对过去重要人物的感觉和预期转移到现在的人身上。本质上，我们是提取了一个关系模板并将其粘贴到一个新的人身上。

这并不像这个概念刚出现时那么奇怪。现代研究运用社会认知模型也表明，重要人物的心理表征储存在记忆中（弗洛伊德的“模板”），它可以在新的社会交往中被激活和应用。苏珊·安德森（Susan Andersen）教授发现，当我们遇到一个具有“重要他人”表征的新人时，我们不仅会没有根据地推断他们的特征，还认为这些特征似乎真的是从他们那里得到的，并把这些特征与这个人真实的特质和特征一起纳入我们对这个人的记忆中。

移情并不只表现为看错和记错人。安德森指出：“基于移情过程，与这个新人相关的各种复杂的情感、动机、期望、行为和自我改变都可能发生。”她的实验表明，移情过程在日常人际关系中非常普遍，以至于它可能基于各种“重要他人”的表征而发生，

> 精神分析学并不创造［移情］，而仅仅是将其揭示给意识，并获得对意识的控制，从而引导心理过程朝着预期的目标前进。
>
> ——西格蒙德·弗洛伊德

包括兄弟姐妹、最好的朋友、伴侣，以及父母。

如果这是正确的，那么日常生活中我们都在使用一系列惯用模板。学校门口那个陌生女人你觉得很熟悉？也许她看起来像你的姐姐或你过去最好的朋友。可能是她的微笑，她的一个手势，或者她站着皱眉头看手表的样子。如果你的大脑注意到她和你过去某个重要的人有足够相似的视觉或听觉特征，那么你对这个陌生女人也会产生与见到故人同样的感觉。

所以，办公室里的那个新同事可能正看着你，并经历着这一切。也许你的笑声很轻松，你喜欢坐在桌子上聊天，就像他在学校最好的朋友一样。或者他可能注意到你给别人倒咖啡喝，认真地与他们谈论糟糕的一天，就像他妈妈经常做的那样。当然，他不会意识到这一切，因为这个过程是无意识的。他只知道出

核心理论

移情

——西格蒙德·弗洛伊德

重要他人表征

——苏珊·安德森

于某种原因他感觉你很亲切友好。消极移情表现为敌对情绪，当然此处听起来像一个积极移情的例子，弗洛伊德认为这样也好，因为这帮助他的客户保持了对分析过程的依恋。积极的移情总是带着温暖的依恋，有利于形成联盟。这在工作场所等竞争激烈的环境中总是很有用，而且对公司来说，这比送你去参加豪华的团队建设课程便宜得多。不过没必要告诉他们这些。享受团建就好。

怎样才能阻止我青春期的女儿文身？

西格尔 ‖ 胡腾洛赫尔

正如神经学家和精神病学家丹尼尔·西格尔所说："当我们正值青春时，生活就像烈火一样。"他说，以12岁至24岁的青春期为例，在这段时间里，大脑的变化会引导青少年去做四件难以处理的事情：寻求新鲜事物、增加情感强度、创造性探索和积极社交，尤其是与同龄人的社交活动。对亲子关系中的双方来说，这都很难处理。以文身（像你女儿想做的那样）开始挑战，还有什么比这个更好的选择吗？

西格尔对青少年期有非常浓厚的兴趣，他认为青少年在形成特定家庭和文化身份认同的同时，还必须协调心理和身体的变化。但是他说，最重要的是，这个时期是培养勇敢、创新思维等未来成年后需要的品质的关键时期，这些品质要么在这个时期遭到破坏，要么得以培养。如果我们能帮助青少年合理地寻求新的体验，应对强烈的情绪，体验创造性的冲动，并以有意义的方式参与社交活动，他们将会在青少年时期和成年后过上更充实的生活。如果我们做不到这一点，这四种冲动在青春期就消失了，那么他们成年后的生活将会是枯燥、无趣、古板和孤独的。另外，每个人都仅仅沿用前几代人的旧世界观，这对一个不断变化的世界毫无用处。西格尔说，在进化论"要么适应，要么死亡"的现实面前，青少年是我们适应的动力。我们需要他们对挑战和改变有强烈的冲动，但我们在帮助他们度过这一重要的变化时期时，也需要保持清醒。

给我奖赏！

西格尔已经将所有这些变化发生的原因和盘托出了。在青少年时期，大脑中运用多巴胺的神经回路会增加。多巴胺是一种神经递质（大脑化学物质），在我们的奖赏内驱力中起着核心作用。随着儿童进入青少年时期，多巴胺的释放量会稳步增加，直到18岁左右达到峰值。大脑的这种变化使青少年倾向于刺激的、释放多巴胺的体验和感觉。一些研究表明，事实上，青少年的多巴胺基率低于正常水平，但在遇到令人兴奋的体验时，却升得比我们其他人更高。这或许可以解释为什么我们总是能听到青少年通常会抱怨普通的一天，说："我真的是太——无聊了。"

西格尔说，奖赏内驱力增强表现在三个重要方面：冲动、对成瘾物质的敏感度提高、过度理性。在多巴胺驱动下，冲动要求立刻得到满足；因为在你行动前没有思考的时间，所以产生了冲动——去寻求刺激，去冒险，现在就去！或者通过摄入成瘾物质、性交或在迪厅里劲舞这些捷径来获得多巴胺，因为酒、毒品、性和摇滚乐（实际上是大多数形式的音乐）都会导致多巴胺的释放。然而坏消息是，在短暂的几个小时内，多巴胺分泌水平会直线下降，让你再次遭受打击。最后，西格尔用"过度理性"这个词来形容青少年突然转换成一种非常直白的思维方式，即"此时此地"

青少年不仅仅需要度过青春期；他们能茁壮成长，正是由于他们生命中的这段重要时期。

——丹尼尔·西格尔

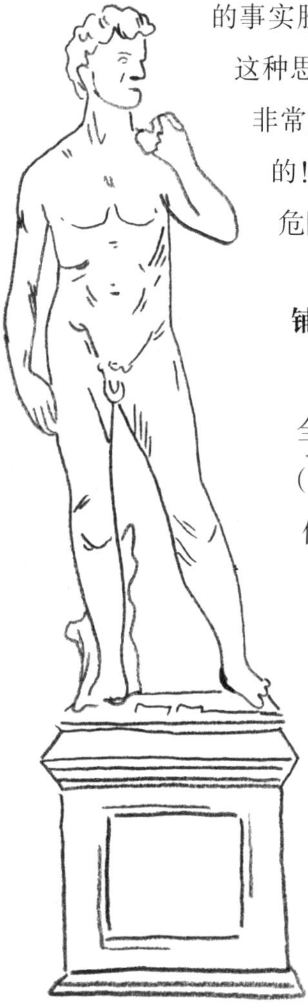

的事实胜过一切，其他的都无关紧要。他认为，这种思维方式来自大脑的一种计算，这种计算非常重视潜在的积极结果（“这将是令人兴奋的！”），而很少重视消极结果（“这是极其危险的”）。

铺设快速通道

当青春期即将结束时，我们开始放眼全局，考虑更广泛的后果和长期的收益（或损失）。这是因为大脑在青春期通过两件事完成了一个整合的过程：彻底修缮神经连接，并形成髓鞘，在神经周围形成一个保护层。1979年，神经学家**彼得·胡腾洛赫尔**（Peter Huttenlocher）指出，在儿童时期，我们产生了大量的神经元和它们的突触连接，但在大约12岁时，我们将“修剪掉”所有那些我们不用的、多余的连接，这样我们就有了一个更快速、更有效的大脑。例如，如果你在7岁时学习了长笛，但仅仅演奏了一年，那么到了这个时期，与长笛演奏有关的神经回路就会被修剪掉。但如果你从7岁开始就一直演奏，你的大脑回路就不会被修剪，反而会得到加强；大

正如米开朗基罗的雕塑《大卫》所揭示的那样，它的美在于被雕刻的过程。人类的大脑之所以能够达到其最有效的形态，是通过在青少年时期修剪神经连接来实现的。这使得那些最常用和最有用的部分被髓鞘包裹起来，起到保护作用，这样才提高了我们的思考速度。

——丹尼尔·西格尔

过度理性

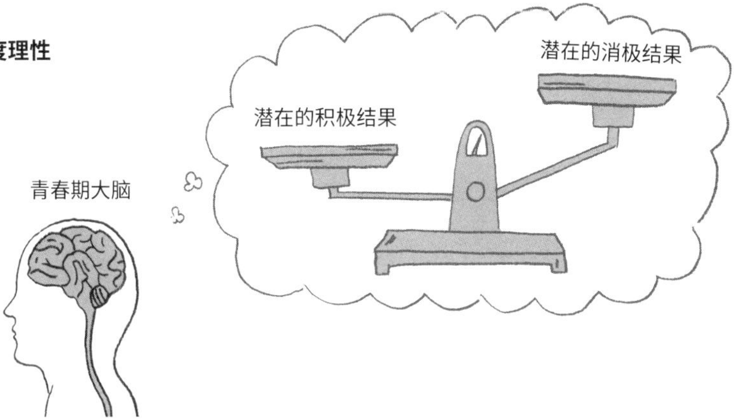

脑将会用髓鞘覆盖相互连接的神经元之间的膜。这使得信息在这条路线上流动更快、更协调，使神经回路更快捷、高效。

在这个重塑大脑的过程中，我们可以把大脑想象成一个建筑工地，总有一天它的管道、电力等设施会变得很好，但目前它们都被搁置了。前额叶皮层的重建过程意味着平衡情绪、规划未来、做决策、移情和洞察这些很重要的功能都会变得脆弱无力甚至完全罢工，但是一旦大脑重新整合完成，那些功能就又能发挥作用了。

自我意识伴随着抽象思维的出现，尽管它们都是高级皮层的活动，但是由于这一时期的情感强度较高，人们很容易觉得青少年的自我意识和抽象思维有点过了。与此同时，大脑皮层下方的较低区域变得更加活跃，尤其是评估环境中威胁程度的杏仁核。通常我们有两条通路获取杏仁核的信息：慢通路——通过高级皮层先对传入信息进行筛选；快通路——传入的感知流直接进入杏仁核。研究表明，青少年比成年人更容易使用快速通路，这意味着即使最无恶意的言论也能使杏仁核爆发强烈的

> 青少年是我们的未来，正是通过他们的勇气，通过他们有时横冲直撞但富有创造性的努力，即“不要和其他人一样”，我们这个物种才得以适应下来。
>
> ——丹尼尔·西格尔

情绪。

西格尔说，对青少年和他的伙伴们来说，“参与社交”变得非常重要，这源于所有哺乳动物都具有的进化本能，即认为在群体中是安全的。对于人类来说，是否能加入一个团体取决于是否满足某些特定的要求，比如留长发、化浓妆，或者一天玩六个小时的滑板，或者染头发穿奇装异服，并在身上打洞。

那么文身呢?

文身或许是一种社交活动，因为你女儿可能看到文身是她希望加入的团体的“一致性”的一部分。又或许这是一种新的、不同的东西，所以它会吸引她对新鲜事物的追求，这是她此刻的动力，对她来说，这可能看起来像创造性的探索，因为她在寻找最有趣的方式来装饰她的身体，并乐此不疲。我猜你的直觉是，寄希望于她使用前额皮层的推理能力，来判断这一行为是否意味着长期的智慧，但这并不奏效，因为它正在经历修剪的过程（此外，你会强调风险，而这反而会吸引她）。还有一种可能是，你输入的任何信息都会被杏仁核立即解读为一种威胁（“退后！别再干涉我的生活了！”）。

西格尔认为，你成功的最大希望在于，通过保持开放、冷静和积极的沟通，尽可能地让大脑皮层恢复运作，同时安抚杏仁核。或许还可以用那个转移婴儿注意力的老方法。否则，她如何才能满足自己对刺激体验、亲密友谊和情感强度的需求？我会把这个任务交给你。

核心理论

青春期大脑

——丹尼尔·西格尔

突触修剪

——彼得·胡腾洛赫尔

为什么我的伴侣如此没用？

鲍尔比 ‖ 安斯沃思 ‖ 温尼科特 ‖ 所罗门 ‖ 梅恩

我们似乎无法回避这样一个事实：我们选择的伴侣反映了我们早期的人际关系。从弗洛伊德在19世纪90年代提出的这些观点到今天相关的现代依恋理论，这条规则都适用；显然，当我们选择成年伴侣时，我们会重复婴儿时期所经历的互动过程。这些运行模式不仅决定了我们选择谁，还决定了我们如何看待我们的伴侣，而这一点正与本节内容相关。那么，为什么你会有一个你认为“没用”的伴侣呢？

尽管承认我们过去与父母联结的方式一直以某种特定的方式困扰着我们要跨出一大步，但是从许多国家收集的大量证据都支持了依恋理论的这一核心观点。这一理论主张，父母每天对我们做出的反应，以及我们对他们的回应，本质上形成了我们以后所有关系的运行模式或模板。弗洛伊德曾声称这些关系十分重要，但在20世纪60年代，研究人员开始发现，婴儿时期我们与父母之间的实时互动模式才是决定了我们一生的关系互动的本源。

弗洛伊德和他的大多数追随者认为，孩子内心关于外部世界的幻想在他们的关系模板形成中占据了举足轻重的地位，但20世纪60年代的精神病学家**约翰·鲍尔比**（John Bowlby）打破了这一传统，他坚持认为是孩子与父母之间互动的现实（而不是幻想）起到决定性作用。他提出，基于照顾者和孩子之间的互动细节，他们之间得以形成一种具有进化意义的依恋联结。他的同事、发展心理学家**玛丽·安斯沃思**（Mary Ainsworth）对这一观点进行了进一步的研究，并在实验环境中进行了测试。她通过研究后发现，形成的依恋关系类型可能有三种：安全型、回避型/冷漠型、矛盾型。

婴儿和照顾者都在依恋形成中发挥着作用，因为照顾者对待婴儿的方式反映了他们自己的心理状态和结构，而婴儿对所提供的照顾做出反应。研究人员艾利森·戈普尼克（Alison Gopnik）认为，婴儿是人类的“研究和发展部门”，因为他们总是在不断地构思并且检验假设，从而发现在他们自己所存在的这个新世界中起作用的到底是什么。他们测试各种各样的东西，但首先最重要的是确定如何生存。举个例子，如果哭泣的结果是食物和一个安慰的拥抱，哭泣将被存入可用的策略。如果哭泣的结果是被忽视，或者更糟——可能是被打一顿或被摇晃——哭泣就不会成为一个有用的策略，之后不管需要什么，他都会学着保持沉默。通过这种方式，在很短的时间内，婴儿学会以恰如其分的方式适应他们的照顾者并与之保持联结，使他们最基本的生存需要得以满足。

所有这些之所以对我们成年人来说都很重要，是因为这些早期的互动编码会存入我们大脑的神经回路中。因为它们每天都在重复，正如20世纪40年代的心理学家唐纳德·赫布（Donald Hebb）所说：“一起工作的神经元连接在一起。”这意味着我们在所有与人际关系有关的事情上都建立了快速的神经通路。到12—18个月大时，我们的依恋模式已经成为如何与人相处的“规则”或模板，它们将在我们的一生中发挥作用，除非在某个时刻遭到有意识地破坏。它们在我们的无意识（或“内隐记忆”）中运行，就像电脑的后台操作程序，告诉我们在人际关系中应该怎么做，以及对亲近的人该抱有怎样的期待。

快乐的日子

在父母和谐一致、反应积极并乐于给予的情况下，婴儿便学会了表达他们的需求并期待得到满足。随着年龄的增长，他们发现有时他们不得不等待（没有父母是完美的），这也很好。正如精神分析学家**唐纳德·温尼科特**所指出的，父母时不时地以可容忍的方式展现失败，让孩子学会如何在一个不完美的世界中生活，这实际上很重要。如果父母“足够好”（至少有40%的时间灵活而敏感地做出反应），孩子就会发展出一种安全的自我和允许自己进一步探索的独立性。我们便认为他们已经形成了一种安全的依恋风格。

不安全依恋

然而，当父母不能对他们的孩子做出及时敏锐的反应时，婴儿就会开始更多地关注父母的需求，而不是自己的需求。这便产生了安斯沃思提出的矛盾型依恋和冷漠型依恋，以及第四种依恋风格——紊乱型依恋，最早由**朱迪丝·所罗门**（Judith Solomon）和**玛丽·梅恩**（Mary Main）在20世纪80年代提出。这很有可能就是我们要找的答案，因为，虽然我们不可能判断你的伴侣是不是真的“没用”，但我们可以知道的是，你正和一个你觉得“没用”的人在一起。如果两个成年人之间的关系应为平等真诚、开放互信、相互理解的，那他们就不会趋向于这种视角——认为伴侣是失败者。这种形式的关系是埃里希·弗洛姆（参见上文121页）建议我们追求的——在这种关系中，每一个伴侣都是真正独立的；在对方不功利的陪伴下感到快乐而放松。

> 为人父母不仅仅是一系列的行为，而是参与了人际的、广泛的、情感的关系。
>
> ——南希·乔多罗

遗憾的是，人群中只有大约50%至60%的人被认为是安全型依恋风格，剩下的人在某种程度上都会感到不安，甚至是可能会对伴侣说“你真没用”的类型。

感觉很矛盾

如果你的监护人反复无常或对你过分溺爱，那么你在成长过程中就不会像一个安全依恋类型的孩子那样感到放松。研究人员发现，处于这种关系中的孩子会非常努力地维持依恋关系。他们尽可能与照顾者保持亲密，在遇到麻烦时会做出非常强烈的反应，以便发出足够强烈的信号来引起照顾者的注意，并一直寻求安慰。这些孩子被认为属于矛盾型依恋类型。成年后，他们倾向于通过表现无助来与伴侣建立联系，因为这在孩提时期是有效的。他们可能看起来足智多谋、多才多艺，但在一段已经确定的关系中，会表现出看似无助的样子，并产生取悦他人的想法。

这种依恋类型的人经常会感到一种永远无法满足的情感饥饿。尽管他们非常渴望被爱，但是他们并不十分信任他们的伴侣，并且常常变得黏人、苛求、占有欲强，总是担心伴侣要离开。原生关系中的矛盾（不一致）在成人关系中演变成推拉式的关系——他们渴望安全和保证，但做的事情会把伴侣推开。这类人会说他的伴侣是个失败者吗？在关系的推开阶段，他们会这么说。你责

依恋类型

安全型

发现他们相对容易接近别人 • 与不安全依恋的人相比往往更满意他们的关系 • 相信伴侣会在需要时陪伴 • 被依赖或被求助使他们感到舒适 • 关系特征为更长久、信任、承诺、互相依赖 • 希望善待他人并被他人善待 • 显著的交往能力

矛盾型（在成年人中，也被称为“焦虑矛盾型”）

担心别人可能并不完全爱他们 • 当他们的依恋得不到满足时，很容易感到沮丧或愤怒 • 不断重现过去的伤痛和拒绝，不愿就此放下 • 喜欢挑起事端，经常破坏人际关系 • 觉得别人没有像他们想要的那样亲近他们 • 渴望亲密，但怀疑自己的价值，所以怀疑别人提供的亲密 • 需要不断地证实伴侣的爱

骂他“没用”，并把他推开，但又想把他拉回你身边，这可能就是你的状态——无法在一段关系中获得放松。

感觉无所谓

有些父母不善于表达情感，他们只满足孩子的物质需求，而不给予情感上的支持。拥有这类父母的孩子会学会照顾自己的需求，而不去麻烦别人。过了一段时间，他们甚至不再注意到这些需求，对它们视而不见，也不屑一顾，声称自己没有任何感觉。成年后，在对待关系方面，他们总是若即若离，害怕亲密或亲近，

回避型（在成年人中，这也被称为“轻视回避型”）

• 似乎不太在意人际关系 • 避免亲密和冲突 • 发现很难接近他人、信任他人或依赖他人 • 如果别人靠近，就想要离开 • 认为自己是自给自足的 • 将先前的浪漫关系理想化，而现在的伴侣无法做到 • 可能会因为关系相处失败而责怪伴侣，而实际上却饱受极端的低自我价值感的折磨

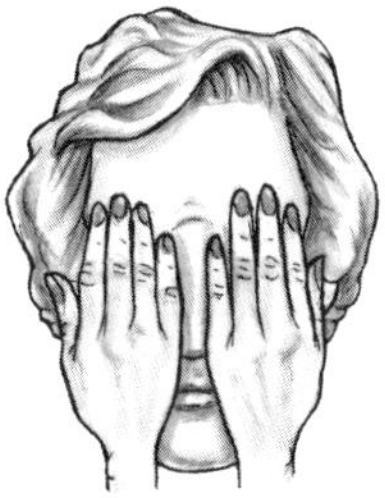

紊乱型

难以理解自己的亲身经历 • 在恋爱关系中容易忽冷忽热 • 会用有害的方法来缓解烦恼，如利用酒精或药物 • 难以信任他人 • 理解或维持关系比较吃力 • 害怕亲密 • 觉得自己不值得被爱或被支持 • 无视规则，发现与权威人士打交道非常困难 • 情绪调节有问题

好像承认自己需要帮助就会遭到拒绝，或者因承认自己不够好而觉得无地自容。他们允许自己表现出愤怒，因为它创造了距离感，而不是亲密感。心理治疗师大卫·沃林（David Wallin）将拥有这种关系类型的成年人称为“破坏爱情的谨慎型合并者（the merger wary who sabotage love）”。他说，他们在情感的沙漠中长大，他们学会了把自己想得太好而把别人想得太坏，通过这样的方式保护自己不被自己情感和需求所影响。事实上，他们很可能会忍不住称自己的伴侣为“失败者”，规则是不惜一切代价地保持自己与伴侣的距离。你是否属于这种依恋类型？

> 在冷漠的面具下是无尽的痛苦，在麻木的面具下是绝望。
>
> ——约翰·鲍尔比

感到害怕

第四种依恋类型，即紊乱型依恋，描述了父母与孩子之间矛盾且危险的关系，以至于孩子为了生存而靠近父母，同时又因为父母会威胁到自己的生存而害怕走近父母。成年后，他们想靠近别人，但是害怕被伤害。他们很难控制自己的情绪，因为他们在童年时期学习这项技能时没有得到帮助。所以他们情绪和行为飘忽不定、难以捉摸，就像他们的父母一样。这样的人会把他们的伴侣描述成“没用的人”吗？是的。他们敢吗？可能不敢，除非在三天一大吵，两天一小吵的某次爆发之后才可能这么说。或者他们脑中这样评价伴侣，但这种评价很可能又会变成他们对自己的痛苦抨击。

所以现在我更担心我自己……

好消息是，正如心理治疗师所说，安全的依恋是可以“获得”的。这意味着，有了决心、无畏的自我意识、诚实、大量的努力，以及来自与我们关系密切的人（包括治疗师）好的反馈，我们可以找到最初的依恋模式，解开它并以不同的方式重新编织起来。通过这一过程，我们加深了对依恋模式的理解，建立起真正强大的自我意识，将不再简单地把一个人看作“没用的人”。

这就好像一直以来你只因为早期的编码程序就比伴侣高一头

或低一等，而现在你们不相上下了。最后，你会有一个清晰的世界观并且不管别人怎么想、怎么做，你都能意识到自己真的很好。正如心理治疗师艾瑞克·伯恩说的那样，我们的目标是建立一种“我很好，你也很好”的思维状态。我们中的许多人都在与过去的遗留问题和现在的挑战做斗争，但当我们一致认为没有人是“没用的”时，我们会知道我们能取得共同的成功。

核心理论

依恋理论

——约翰·鲍尔比和玛丽·安斯沃思

“足够好”的父母

——唐纳德·温尼科特

我的伴侣明明很好，为什么我还是喜欢看帅哥美女？

弗洛伊德 ‖ 卡尼曼 ‖ 潘克塞普

这也是人类美好而又悲剧的地方。我们人类本就是动物，我们的大脑结构和运行方式与其他哺乳动物有很多共同之处，但我们也有一个比它们大得多的大脑皮层，它为我们提供了人类独有的自我意识。所以你我都有非理性的动物冲动和欲望，但是占据我们大脑理性的部分会问道："这到底是怎么回事？为什么我们的理性不能战胜冲动？"

无论我们谈到**弗洛伊德**的无意识还是神经科学的"内隐记忆"，几乎每个人都同意，人类大脑的很大一部分在某种程度上是自动处理的——也就是说，它们不受意识思维的控制。从弗洛伊德的无意识（参见上文第8页）到**卡尼曼**的系统1（参见上文第69页）和**潘克塞普**的初步过程（参见上文第68页）来看，我们的许多决策都发生在意识之外，并且卡尼曼指出："只有当我们在日常生活中开始意识到允许这些快速加工过程所带来的偏差的时候，我们才能更好地用意识控制这些偏差。"

不忠是习得的

人类大脑不可能有意识地处理所有传入的刺激，所以大脑是在各种各样的启发式方法或经验法则下进行运作的，这些法则允许我们将有意识的注意力保持在规定时间内看起来最重要的事情上。其中一个运作过程就是习惯，它是人类和动物的重要学习工具。狗的主人完全知道什么是习惯——这是一个让狗一次又一次地适应某些事物的过程（比如吵闹的小孩），这样它们就不会再被这种情况所困扰，实际上过了一段时间后它们甚至几乎不会注意到这些刺激（所以它们不再追逐孩子）。人类也会这样做：当新事物进入我们的环境时，我们会先关注它一段时间（它是否安全，还是在某种程度上具有威胁性？），之后才会习惯它（哦，不过是那辆车的发动机又回火了），并变得对它熟视无睹。习惯是一种非常有用的工具，它可以让我们知道哪些信息应该放心地忽略，哪些应该注意到。但是对于我们的伴侣来说，习惯也有一些缺点。我们也会习惯他们，习惯会让我们对伴侣曾经吸引我们的魅力视而不见。

哇！那是什么？

与此同时，我们不可避免地会被新鲜事物所吸引，因为大脑中的多巴胺水平在新奇的环境中会增加，促使我们去追求新事物，以获得“奖励”。也正是这种神经递质在成瘾中起着关键作用，使成瘾者体验到另一种快感。当我们发现一些全新的东西时，我们也会经历类似的兴奋——这对我来说是一种奖励吗？我们对新鲜事物如此兴奋，以至于哪怕只是一个发现新事物的可能性，都能激发我们去探索环境，这也揭示了它真正的进化目的——帮助我们发现新的资源，比如食物和饮品。

因此，我们天生就会去追求新鲜事物，而不再关注那些已经在我们身边存在了一段时间的事物（或人）——因为它们不再是一种威胁，（振作起来吧！）因为我们不再把它们与任何奖赏联系在一起，它（他）们已经正式“失去了它（他）们的潜能”。我们的大脑假设我们已经从这些“身处于我们周围的事物”中获得了

功能可见性

这个东西能做什么？　　这个人能为我提供什么？

我们从很小的时候就开始很自然地观察我们周围的环境，以寻找可见的功能——那些对我们有用的东西。只要发现其中的一个，我们就会本能地采取行动

一切可能的回报，并且也已经停止了对它（他）们的探索。（这个假设可能值得我们有意识地好奇一下。）

等待我的是什么？

我们的视觉与寻找更多资源的永恒（无意识）需求紧密相连。婴儿出生时视敏度很差，但过了一段时间后，他们开始看得到形状和颜色，学会区分不同的物体，判断物体之间的距离等。这种发展性的收获允许孩子从其环境中提取信息，并考虑这些信息的

> 我们不是有情感的思考机器，而是会思考的情感机器。
>
> ——安东尼奥·达马西奥

> 当搜寻系统被触发时，它仅仅是泛泛地寻找事物。它似乎只知道它想要的“某样东西”就在“外面某处”。
>
> ——马克·索尔姆斯

“功能”——它提供的可能有用的东西。这意味着孩子可以看到地上有一个苹果，并意识到食物就在眼前——这样一来，食物的功能也就是行动的机会。孩子可以伸出手，捡起苹果吃。总而言之，我们一直在审视我们的环境，不仅在寻找潜在的威胁，也在寻找潜在的回报，其中包括交配。如果我们寻找到了目标，我们就会本能地采取行动——你刚刚在办公室厨房里发现了一个长得非常好看的人，她看起来与这里的所有人都完全不同。

本能地探索

你有探索的动力，因为大脑的**搜寻系统**已经发挥了作用。神经科学家雅克·潘克塞普发现，在我们大脑中拥有着距今3亿年前的哺乳动物所拥有的一部分，就是我们七个初级情绪加工系统。这些神经回路非常容易识别，如果一个神经回路受到脑电刺激，那么与之相关的情绪（如愤怒），会立即被唤起（参见上文第第68页）。这些都是有着巨大能量的本能加工过程，而搜寻系统（SEEKING）可能是其中最重要的。这个系统是让我们在这个世界上保持活跃的系统。它激励我们早上起床（几点了？我的手机在哪儿呢？），促使我们不断地寻找有用的信息、人和物。正是这个系统让狗充满期待地探索一个新的领域，嗅、挖掘，同时期待着发现一些极好的东西；而当你在工作时发现性感迷人的新朋友正打开水壶时，你可能也会产生同样的反应。哇，那边是什么？看起来太棒了！当你靠近时，你可能会感觉到另一个皮层下系统的吸引力：性欲。为了满足欲望，搜寻系统被激活了。

感觉真的充满活力

搜寻系统让我们不断地搜寻——寻找新奇感、寻找资源、寻找生命。与搜寻有关的情感是热情、期待和希望。当人们在孩童时期经历了一段艰难的情感依恋时（参见上文第136—142页），他们感到探索的自由减少了；他们的寻求系统钝化了，有时可能会走向情感天平的另一端，走向抑郁。一边是绝望，另一边是巨大的期待，好像今天你会找到你想要的一切。如果新奇引起的多巴胺会让你的搜寻系统上升一档，那么一旦你决定去探索（厨房里那个漂亮的人），它就会再上升一档，因为这个系统把多巴胺发送到大脑的四个不同的部分。所以，现在你正在通往厨房的路上，希望、期待和对生活的热情正在高涨。你从来没有觉得自己这么有活力，不是吗？

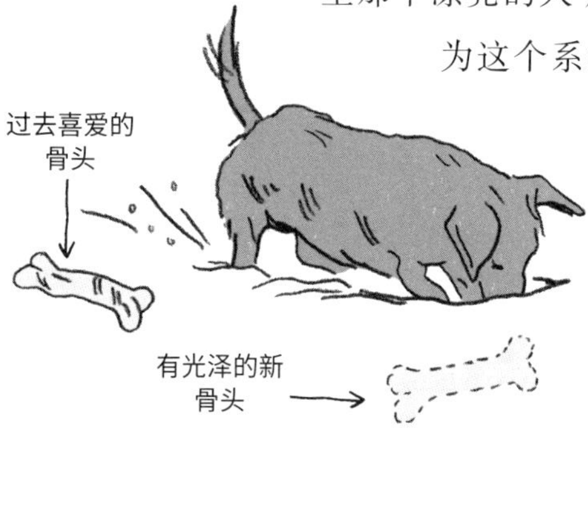

这事已成定局了吗?

根本没有，否则你甚至不会问这个问题，这个问题说明了大脑皮层的认知执行功能在发挥作用。这些功能允许我们做出独立的、有目的的和“目标导向的”行为——是有意识的目标，而非无意识的目标。这意味着我们要做出选择，而不是简单地做出反应。即使大脑的多巴胺刺激非常诱人，凭借大脑为我们提供的我们需要的所有力量，人类还是可以克服寻求新奇事物的本能。你拥有一个完整而神奇的人类大脑，它拥有的能力使它远远高于其他动物；一个拥有过去、现在和未来的记忆、价值观、希望和恐惧的大脑，不仅知道欲望，还知道爱和失去。因此，即使你的脚开始把你带向一个新的具有吸引力的东西，请保持你所有的大脑运转。慢下来，质疑习惯带来的那种无聊感。所有发光的东西都是金子吗？还是多巴胺影响了你的视力？暂停一下。正如触及了愤怒回路一样（参见上文第68页），危险迫在眉睫。如果可以，就抓住它吧。

核心理论

初级情绪加工系统

——雅克·潘克塞普

快思考与慢思考

——丹尼尔·卡尼曼

我为什么被拉黑了？

艾利斯

我们都是需要和愿望的混合体，其中一个我们真正想达成的愿望是让每个人都喜欢我们。另一个我们大多数人想实现的愿望是对自己的生活有更多的控制感，这和我们想让每个人都喜欢自己只有一步之遥。如果这听起来有点像刚学走路的孩子发脾气，阿尔伯特·艾利斯会说没错，我们又回到了魔法般的思维，失去了理性。不过他认为理性总能回来，帮助我们纠正错误。他会说，忘掉对世界的控制感吧，集中精力好好思考。

阿尔伯特·艾利斯（Albert Ellis）是一位来自美国的精神分析学家，他对精神分析改变人们生活的能力失去了信心。他认为弗洛伊德的精神分析效率低下，并说“我想提升治疗的效率”。他希望治疗能更有效，这样人们就能迅速体验到生活中的变化。他称自己的治疗为理性疗法（总是清晰而切中要害），但人们认为它忽视了人的情感，因此他将其重新命名为理性情绪疗法。其他专业人士又认为这种疗法“太过认知化”，忽视了行为主义（尽管它使用了许多行为技巧），因此艾利斯再次屈服，将他的疗法改名为理性情绪行为疗法（REBT）。

逻辑思维

如果说亚伦·贝克（参见上文第36页）是认知行为疗法之父，那么阿尔伯特·艾利斯则被认为是认知行为疗法的祖父。艾利斯认为，我们对自己、他人和整个世界都有一系列的假设，但是其中有一些假设是错误的、不合理的。因为这些假设指引着我们的

> 现实并不是发生在我们身上的事情；相反，它是我们如何看待那些创造我们所经历的现实的事件。在真正意义上，这意味着我们每个人都创造了我们生活的现实。
>
> ——阿尔伯特·艾利斯

一生，我们就会遇到问题，导致我们非理性的信念让我们认为自己能够完成不可能的事情。

例如，有些人认为他们应该能够胜任一切事情，不管他们的智力水平和处理各种任务的能力如何。或者他们可能认为他们需要依靠更坚强的人。另一些人相信，一定有一个完美的解决方案能够解决人类所有的问题，要是他们能找到就好了。艾利斯会鼓励他的病人质疑这些假设。每个问题真的都有完美的解决方案吗？即使有，又怎么能确定这个完美方案能被找到？

误解

艾利斯认为，造成困难的是我们思考方式和理解情境的方式，

解释世界：A—B—C

艾利斯创立了A—B—C方法，它展示了我们是如何让自己感到沮丧、悲伤或“不好”的。“A”代表引发事件，“B”代表信念，“C”代表结果

而不是情境本身。正如我们没法让每个人都喜欢我们一样，也没有人能必定让我们感受到一种特定的情感。艾利斯说，当你的伴侣说你“白痴”时，你可能会对他说“你让我生气了”，但事实并非如此。如果这是真的，那么当X做Y的时候，总会导致情绪Z。但是事实上，听到别人说自己“白痴”时，有些人会在脑海中过一遍这句话，而其他人可能会发笑，还有人会想那个人今天是怎么了。恰恰是因为我们正在使用扭曲的信念，而让我们陷入了过度思考，走上了危险道路，我们需要尽快抓住它们，并把它们整理出来。从技术角度来说，我们需要识别和挑战这种思维，以一种更准确地反映现实的方式重新表述问题，并采取策略将假设转变为更健康的、有理有据的思维。艾利斯在1975年与罗伯特·哈珀（Robert Harper）合著的《理性生活新指南》一书中，列举了10种典型的非理性信念，并将它们整合成我们需要反驳的“争议性陈述”。巧的是，排在第一位的非理性信念正是我们普遍存在的一种观点：“你必须（是的，就是必须！）得到所有你认为重要的人的爱或认可。”艾利斯说，大多数人喜欢被认同，所以拥有认同是件好事，但是没有获得认同的话，你也不会死。另一方面，你可能会因为追求不可能实现的理想——让每个人都爱你——而伤害到自己，因此尽快重塑这种信念至关重要。

理性的回答

艾利斯在这一点上的推理是这样的。被所有人喜欢或爱是不可能的。不管你有多受欢迎，总会有人不喜欢你，这没关系。不同的人有不同的品位，所以有些人会喜欢你的一些方面，但另一些人不喜欢，比如你的发型——不可能每个人都觉得中分长发是唯一的选择。即使你能让每个人都喜欢或爱你，你也永远不知道他们是否足够喜欢你，或者他们是否会继续喜欢你。那么，在哪一点上你才可以说“是的！我成功了”？

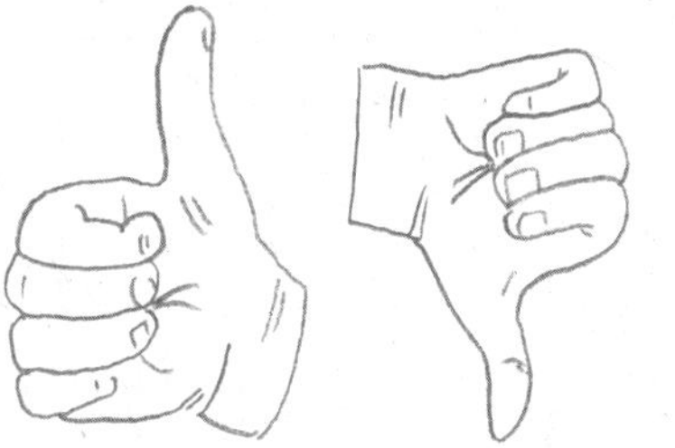

艾利斯说，让每个人都喜欢我们是不可能的，所以我们需要接受这样一个事实，那就是我们总是会得到别人对于我们的褒贬不一的评价

试着以一种放松的方式变得受人欢迎，这没有坏处，但艾利斯认为最好不要用力过猛。想要受欢迎是一种心理自助，但必须受欢迎则是自作自受。这种努力可能会耗尽你所有的时间和精力，你会觉得不得不投身其中，导致自己没有时间去做想做的事情。如果你想要实现他人关于正确着装的想法，或者关于完美假期的想法，那么你就会一直做朋友们希望你做的事，而不是你想做的事。你的生活将不再是你自己的，你的努力甚至可能适得其反——你的朋友最终可能会把你看成一个阿谀奉承的人，并对你失去尊重。

艾利斯会说，如果有人把你拉黑了，你感到难过，那就说服自己。把它看作是个性化的标志，是通向自我接受和自我肯定的道路上的一步，而自我肯定要比别人的肯定可靠得多。过你自己的生活，做你自己的事情，在这个过程中你会发现一些真正的、有趣的朋友，这甚至不需要你去尝试。（我给辩论之王鞠一躬，因为我不跟他争辩，跟谁都不争辩。）

核心理论
理性情绪行为疗法
——阿尔伯特·艾利斯

为什么我的老板总是这么刻薄?

荣格 ‖ 比昂 ‖ 莱维特 ‖ 吉拉德

职场欺凌现象十分猖獗——英国和美国的调查一致发现，约33%的员工曾遭受过职场欺凌。国际劳工组织提出，身体和情感暴力风险是组织机构在下一个千年将面临的最严重问题之一。这是一个相当大的论断，意味着并非只有你的老板才刻薄，这是全球市场的公司令人不安的发展趋势的一部分。精神分析学家卡尔·荣格会将这种全球影响视为“集体无意识”的一种表现，并提出，也许人格阴影正在发挥作用。

荣格认为我们每个人的人格中都有有意识和无意识的部分，并且相信无意识是由各种各样的人格化结构组成的，这些人格化结构在我们的内心世界中相互作用。这些结构被称为原型（参见下文第191页），它们是我们接触外部世界的框架。在日常用语中，原型是事物的第一个模子或模型，后来的版本以某种方式参照了这个模子或模型，荣格对这个术语的使用也不例外。他认为，人们接触了有关人物角色（比如英雄或邪恶的继母）的观点，这些角色观点帮助我们解释和理解世界，并决定采取什么行动。他说道，这些人物或原型之所以出现在世界各地的童话、神话甚至宗教中，是因为他/它们是在集体无意识中形成的；他/它们是“人

> 每个人都有人格阴影，而且它在个人生活中具体表达得越少，它就越黑暗、越密集。
>
> ——卡尔·荣格

类不断重复经验的沉淀”。

这表明，一直存在着特定类型的人和特定的存在方式，它们会进入集体无意识，这就使得有关他/它们（原型）的思想传递给每一代人的心灵，让我们认识到他/它们在别人身上呈现，也在我们自己身上发挥作用。其中最重要的两个原型是人格面具和与之对应的阴影。人格是我们用来在这个世界上展示自己的面具；它是我们希望呈现给别人的形象，也是我们希望呈现给自己的形象。弗洛伊德和荣格认为，我们都乐于承认自己的“优点”，但不太愿意承认那些我们认为的“缺点”或在某种程度上令人羞愧的方面。

进入阴影

荣格认为所有这些“坏”的部分都被合并成阴影的内在原型；这是我们性格中黑暗的一面，它包含了我们曾经否认的所有特质。阴影必然是隐藏和压抑的，甚至对我们自己也是如此，因为它是由我们认为不可原谅的特质组成的，所以会伴随有相当多的内疚、羞愧和自卑。糟糕的是，尽管我们拼命地把它藏起来，好让我们假装它不在那里，它还是会出来的，尤其是在有压力的情况下。阴影是我们的一部分，当我们做了一些伤害自己或他人的事时，它会自动地、出乎意料地突然出现，之后我们会说“我不敢相信我刚刚做了那件事！”如果你有疑问，可以通过它的特征——阴影突然爆发后的内疚、羞辱感和羞愧感——进行识别。

不安分的阴影

阴影经常出现在他人身上——或者至少看起来是这样。精神

> 所有的人都有一种倾向，那就是以这样或那样的借口拒绝那些他们认为是不正常和不可接受的人。
>
> ——勒内·吉拉德

分析对此的辩护被称为“投射”，是指我们通过看到别人产生不愉快感觉来否认自己产生的不愉快感觉，也就是说，我们把它投射到别人身上。阴影常以投射的形式出现。举个例子，如果一个位高权重的人对一个员工大吼大叫，说他们极度没用或缺乏技能，这完全有可能是他们自己感到无用，无法忍受这种感觉，就把这种感觉扔到另一个人身上。然后他们感觉好多了，即使他们没有意识到他们无意识的动机。

因此，你老板的恶意可能很大程度上是因为他/她觉得自己不够好，而他/她觉得这是不可能容忍的。阴影可能只是偶尔爆发（“她今天不是她自己了”），也可能威胁要推翻自我，甚至想要鸠占鹊巢，喧宾夺主地让阴影成为主导日常生活的部分。

推卸责任

吉拉德认为，当冲突导致一个群体分裂时，其成员往往通过选择某个受害者作为替罪羊来寻求和解。然后，这个人被他人“极度热烈和真诚”地谴责，然后被驱逐出该组织。团体之外的人通常能够明显地看出，受害者对他们被指控的“罪行”并没有真正的责任

为什么是我？

关于恃强凌弱，最普遍的看法之一是受害者在某种程度上会招致报复行为，有证据表明，在非常专制的家庭中长大的人，容易被附和这种不平衡权力关系的人所吸引。

然而，还有另一个完全不同的潜在“受害者”——一个觉得自己更需要独立而不是归属的人。换句话说，有些人不会仅仅因为群体当前持有某些价值观、理想或目标，就遵从这些价值观、理想或目标，而是寻求保持一种独立的思维方式和存在方式。

根据精神分析学家**威尔弗雷德·比昂**（Wilfred Bion）的说法，这种独立性在其他群体成员看来具有威胁性。群体的价值观是由一位权威的领导者（就像一个专制的家庭首脑）落实到位的，他“知道什么是对公司最好的”，并煞费苦心地将这些想法传达给员工，并强加于他们。管理心理学家**哈罗德·J. 莱维特**（Harold J. Leavitt）认为，每个群体都有一种因循守旧和对群体的思考方式、行为举止和价值观全盘接受的倾向。这些“向心力”带来共同的同一性和团结感。一切都是已知的和被理解的；一切都是安全的，可以预测的——直到有人开始质疑。为什么我们要用这个过时的软件而不是那个更新更好的？为什么我们不采用办公桌共享制度来提高效率呢？让我们来改变一下吧！

“我们不要”是这个群体的本能反应。就像听到巡洋舰上的汽笛声一样，每个人都开始惊慌失措地四处奔波（他们的工作和身份受到了威胁），他们的工作职能似乎突然变得模糊不清。一定要做点什么！解决办法是，把新人扔到海里！快把问题解决掉！这种现象被称为“寻找替罪羊”，法国社会学家**勒内·吉拉德**（René

阴影属于人格的完整性：强者必定在某个地方软弱，聪明人必定在某个地方愚蠢，否则一个人太好而不真实，就会变得故作姿态，虚张声势。

——卡尔·荣格

Girard）对此进行了详细的研究。他认为，整个过程都是在无意识中进行的，甚至直到做完整件事。它的运作方式是，在危机期间（可能是真实的，也可能只是感知到的），将不适当的指责加在某人身上，使此人成为不断升级的敌意的目标和中心。寻找替罪羊的目的是最终驱逐目标（“让我们把那个人赶走吧——这样我们就没事了”）。

也可以从阴影的角度来看待寻找替罪羊的过程。阴影可以在个人层面，也可以在集体层面发挥作用。在集体形式中，它以一个群体的形象出现，这个群体可以是任何东西，从一个小的利基群体到整个公司，甚至是一个政党或政府。该组织将其集体阴影（如经济失败）投射到一个身边的替罪羊身上——这个替罪羊可能是个人或另一个群体（如移民或宗教团体）。受害者可能会通过告密或向媒体泄露信息来寻求现实的帮助，但荣格认为这是行不通的，因为没有人能从阴影中逃脱。必须有人来承担这些个人或团体不想要的黑暗面，而那个人就是你。

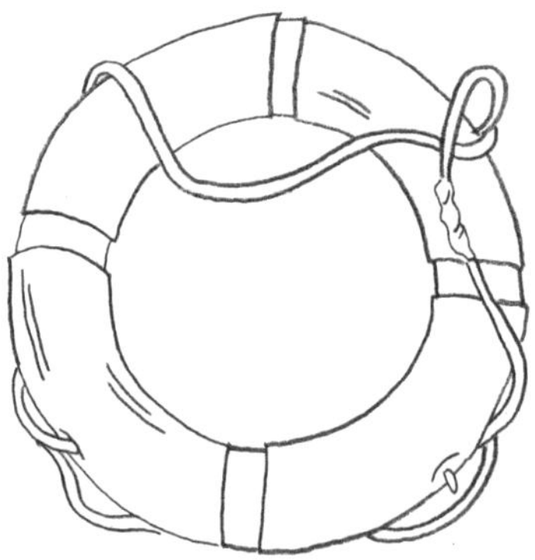

组织功能失调的五种神经模式可能导致寻找替罪羊行为的发生：

1

偏执型组织

这些公司一直担心受到可能威胁其运作的攻击。它们在分析每一个问题或潜在的威胁时，都会考虑所有可能的因素，即使这非常昂贵或耗费大量时间。

2

强迫型组织

这些公司的管理控制旨在密切监测内部业务、生产效率、成本等。高度依赖传统和巩固的实践。

3

歇斯底里型组织

这些公司无法调整其结构以适应新的运营需求，它们过于活跃和冲动，由CEO的价值观和想法来领导，而不是由对外部事件做出的反应来引导。

4

抑郁型组织

这些都是非常官僚主义的公司，公司自动运作，几乎没有或只有很少的领导，似乎在随波逐流。它们的主要特点是没有活力、缺乏信任和极端保守。

5

精神分裂型组织

这些公司缺乏真正的领导力：领导者似乎对组织没有兴趣，拒绝保持一致，不听别人的，所以公司会随着新管理层的不断涌入而在方向上摇摆不定。

核心理论

阴影原型

——卡尔·荣格

群体动力学

——威尔弗雷德·比昂

寻找替罪羊

——勒内·吉拉德

所以，如果你是一个独立思考的人，觉得自己与公司步调不一致，并注意到自己正成为老板甚至整个部门的目标，那么在他们把你从甲板上扔下去之前，赶紧乘坐救生艇离开吧。有件事也许可以给你点安慰——免于被当作替罪羊带来的解脱是短暂的，很快他们就需要找到另一只替罪羊。与此同时，有种可能就是，你自己的人格阴影自带的需求注定成为局外人，永远不可能合群。如果你觉得这不可能，这可能就是事实。

家人对于我来说是一场噩梦，我应该将他们割舍掉吗？

鲍温

作为成年人，我们倾向于认为我们的心灵是完整的，属于我们自己，我们游历世界各地，并且以理性思维自由选择。所有这些假设现在都受到心理学家和神经科学家的质疑。但过去人们一直认为这些假设是对的，直到第二次世界大战时，退伍军人向精神病学家抛出一个新问题：为什么当他们回到家中时，他们的心理问题会变得更为严重？你似乎也遇到了类似的问题。为什么我们的家庭继续对我们产生如此大的影响？

20世纪40年代出现了一种新的治疗理念：我们的气质并非天生的、固定的，它可以通过我们与其他人的关系来塑造。这个想法成为精神病学家**默里·鲍温**（Murray Bowen）工作的重点，他开始从对患者个人的关注转向将整个家庭作为“人类情感系统”来理解。他曾致力于许多不同情况的精神分裂症患者的工作，但他的家庭工作使他意识到有些东西是持续存在的。他说，家庭的差异体现在人数而非性质上，并指出“我们每个人都有一点精神分裂症”。

编织成网

鲍温之所以说“编织成一个网”，是因为他认为我们相互作用的方式促使其他人产生健康的情绪，或导致其他人产生情感障碍（如精神分裂症）。我们不断做出有助于或阻碍其他人的事情，并影响他们在世界上的运行；我们做出判断，对他们提出情感诉求或拒绝承认他们的情感需求。我们听到并看到他们，并让他们知道这一点，或者我们没有听到或看到他们，并对此反思。我们对他们有所期待，尤其是期待某种行为，当这些期待未能实现时，我们会感到失望或愤怒。在家庭中，我们（尤其是父母）会以更加极端和激烈的方式做出所有这些事情。

家庭成员之间联系的情感强度增加了彼此之间的影响程度，尤其是父母对孩子的影响。父母可以通过强调孩子的现状或质疑孩子对自己在世界上的重要性（甚至存在感）的认识来影响孩子；也可以通过帮助孩子发展明确的、独立的自我来影响孩子；或者通过让孩子形成另一种不太明确的、更依赖的自我，不断寻求他人的认可和允准。那些具有强烈的自我分化能力的人能够分离思

当试图个体化，即“远离”家庭角色和系统时，需要提出的四个问题

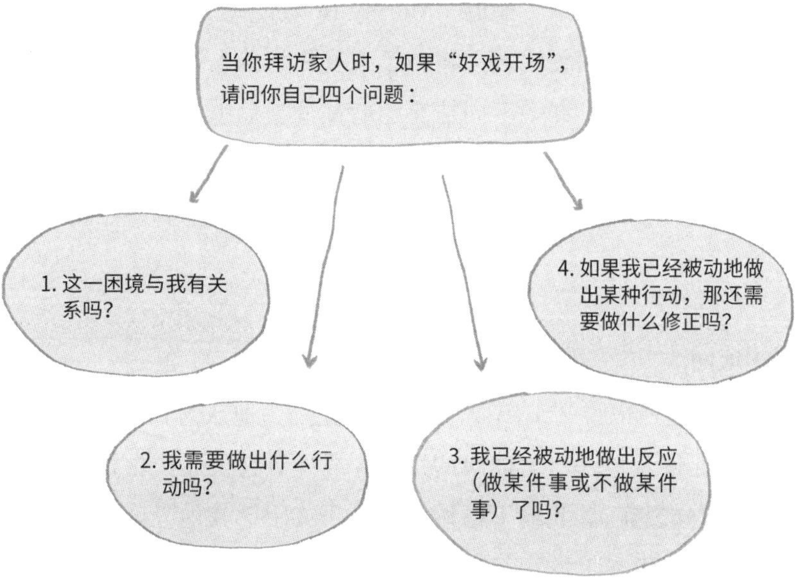

想和感受，以熟练的方式回应焦虑，并且即使在家庭群体中也能保持其个性。自我分化程度较低的人往往会在家庭中体验到一种“情感融合”，感受到家庭的感受，预测家庭成员的需求，并以有助于保持家庭系统平衡的方式行事。他们的边界不牢固，并且他们的行为是为了家庭利益，而非他们自己的利益。从某种意义上说，他们在家庭中失去了自我。

情感融合的力量

鲍温说，从进化的角度来看，家庭是为保护、庇佑和养育其成员而形成的，为此，每个家庭群体都需要凝聚力和合作。我们都在一起工作，不是吗？然而，规则和要求没有明确说明：成员们需要推断出他们需要做什么来让每个人都开心。这意味着，要获得家庭凝聚力，就经常会阻碍每个家庭成员真正分化，并要求其中一些人承担不舒服且最终具有破坏性的角色。例如，在父亲或母亲是酗酒者的家庭中，父母中的另一方可能会承担酗酒者行为所引发的一切后果，因此孩子们会帮忙收拾烂摊子。一个孩子可能成为主要的看护人，另一个孩子可能负责逗大家开心，第三个孩子则承受家庭中所有悲伤，这样其他人就不必感受到它，等等。

分化是个人自己的内部指导系统来绘制自己的方式，而不是永远地关注“范围”，盯着别人在哪里。

——埃德温·弗里德曼

情感隔离，逃离家庭束缚

鲍温指出，我们常用一种称为“情感隔离”的方式来逃离令我们不舒服的、过时的家庭角色，不再去应付它们。我们认为，如果我们在自己和其他家庭成员之间建立一定距离，我们就会摆脱那些在家人身边会产生的感受和行为方式。然而，鲍温说这种方法不起作用。我们在童年时期扮演特定的角色来维持家庭系统的持续运转，这些角色会成为我们的一部分，即便脱离这个家庭系统，也会一直如影随形地跟着我们。如果我们与家人隔离，就不会在原生家庭中体验到这些角色，但它们会出现在一段新的关系中，并伴随着一段看似美好的短暂的蜜月期。虽然情感隔离可能带来即时的缓解和解脱的感觉，但是我们在任何一种关系中的反应模式不会变，并将继续不断重复。这就是为什么在新的关系中我们经常发现自己在想“哦，不要再来这一套了！”

另一方面，当某人与家人切断联系一段时间，暂要回到家人身边时，糟心事还是层出不穷，因为驱使他离开的感情仍然躁动不安。几小时之后，过去的互动模式就会浮现出来，导致冰冷的客套和强烈的愤怒，或者争吵、哭泣和歇斯底里。例如，你可能因为厌倦了每件事都受到责备，已经决定与家人切断联系，结果才发现你的父母变得更加焦虑，而你的兄弟姐妹坚持让你离开，试图以此来缓和紧张的气氛。这是因为家庭成员正在尝试重获不包括你在内的家庭系统（像风中的风铃，见下图）的平衡。

那么我应该回家还是远离？

鲍温区分了“一刀两断（breaking away）”和“自立门户

只有当一个人能够稍微走到自己模式化的反应方式（以及随之而来的内在智力和情感融合）之外，观察才有可能开始发生。

——默里·鲍温

（growing away）”的不同，后者包含了积极变化的可能性。这是通过识别并遵循我们自己的独立的目标来实现独立，这种独立不仅仅是保持距离感，它同时认可我们是家庭系统的一部分。通过识别我们的家庭角色、关系模式以及造成这些模式的方式，我们就可以使它们分解，并最终发现自己有更强大的能力，让自己在所有形式的关系中自由选择我们的反应方式。

就像很多情感上的挑战一样，改变开始于长时间的自我控制，让自己及时反应，注意到此时此刻发生在自己身上的事情，而不是家人身上的事

平衡的家庭系统

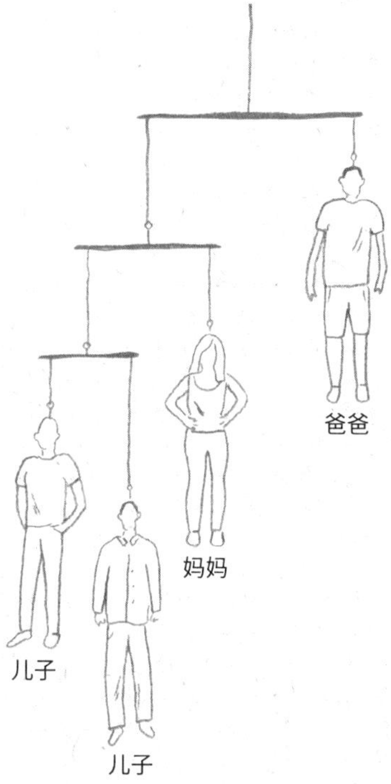

鲍温说，家庭以系统方式运行，每个家庭成员扮演一个角色，从而使得家庭运转，即使是紊乱地运转

核心理论

家庭系统

——默里·鲍温

情——尽管他们太让人分心了，不是吗？那些疯狂的舞蹈有着深不可测的吸引力，也许很难把你的眼睛从他们旋转的脚上移开来看向别处。看着吧，他们很快就会开始跟着下一支曲子起舞。

我的伴侣在对我说谎吗?

弗洛伊德 ‖ 艾克曼

人人都会说谎，所以这个问题的答案很简单：是的，你的伴侣很可能在对你撒谎。因为研究已经发现，平均而言，成年人平均每周撒谎13次。但是你的问题背后似乎还有另一个问题，与道德有关。如果他或她就某些事情欺骗了你，这会是无意识的错误吗？此处讨论撒谎和不道德行为可能不是明智之举，因为即使是心理学家也会出于实验的原因使用欺骗性技术，他们的理由大概是，目的正确即手段正当。另一方面，我们教导孩子说谎是错的，不要这样做，甚至不惜以某种形式的惩罚相威胁（尽管其实我们往往不会执行惩罚，因此，在这个过程中我们也是对自己撒谎）。

当然，我们都会撒谎。它是人类存在的一部分。事实上，它被视为人类发展的一个里程碑，因为非常年幼的孩子认为他们的父母完美得不可思议——眼观六路、全知全能，直到有一天才恍然大悟。他们会用一种小小的谎言来测试他们的父母，才发现妈妈或爸爸相信他们并将他们编造的故事视为事实。他们并不是什么都知道！这对于两岁左右的孩子来说是一个天大的、令人兴奋的好消息，因为这给了他一种新的独立意识。在**弗洛伊德**或精神分析术语中，撒谎与另外两个重要转折点相伴——一个是说“不！”，另一个是玩捉迷藏游戏时，能够不高喊你的藏身之处。这是因为所有这三个行为证明了父母无法理解我们的思想这一奇妙的事实，而婴儿时期的我们认为他们可以这样做。

谎言只是幻想

如此看待谎言确实视角新奇，但我们也可能被误导。心理学家布莱恩·金（Brian King）报告说，有一位客户声称在三个月大的时候曾说过完整的句子，三岁时在教堂做过布道，并为一本杂志工作，该杂志每周给他支付800万美元。这种创造性的灵魂有假性幻觉，或撒病态的谎言，它虚构的内容无任何限制，并且经常产生自我夸大的陈述，远远超出可能使听众质疑的极限。这种撒谎行为完全不在意他人是否相信，即便如此，也难以诊断，因为说谎的程度可能会波动，而且诊断的依据主要来自自我报告，在这种情况下诊断显然有些不可靠。

内心世界和外部世界

所以撒谎有时是好的，有时是有利于健康的，但精神分析师认为持续撒谎是有害的——谎言损害信任，切断我们与其他人的往来，给我们带来压力（特别是当它们开始连贯起来时），让我们变得过度敏感并最终影响我们真实思考的能力。在极端情况下，说谎可能会扭曲我们识别现实的能力，因为它在某种程度上破坏了我们内心世界与外部世界之间的沟通。我们倾向于忘记，我们一直都是清醒和有意识的，我们用我们的心灵来解释外部世

> 情绪越强烈，就越有可能泄露出它的某些痕迹，尽管骗子竭尽所能地隐藏它。
>
> ——保罗·艾克曼

界——心灵代表我们内心世界对外部世界的理解。这是自动发生的，所以我们通常不需要考虑它，但是当我们撒谎时，我们故意以某种方式打破这种联结。这就是为什么行骗高手和诈骗者建议那些想要说谎的人相信他们自己编造的故事，这样内心世界和外部世界才能重新统一——尽管它们都没有反映现实。

如果你真的想知道伴侣是否在撒谎，那么“前后一致”的观点可能会最有帮助。就像谎言创造了外部世界事实和在我们头脑中呈现方式的不一致一样，当我们通过说谎的方式把内部故事重新展示给外界时，同样的不一致也是显而易见的。

我们的面部暴露了我们

世界领先的研究说谎的专家是心理学家**保罗·艾克曼**（Paul Ekman），他的工作主要集中在情绪及其与面部表情的关系上；换句话说，我们背叛内心思想和感情的外在方式。他在与世隔绝的地区开展的研究工作使他确信查尔斯·达尔文是正确的：面部表情是普遍存在的，而不是习得的。他接着设计了一个面部动作编码系统，通过面部下方肌肉的活动来测量面部表情，使他能够发现“微表情”，即最微小的、最快的、无意识的情绪闪现。无论一个人如何努力伪装它们，“微表情”都会在四分之一秒内暴露内心世界的真相。从英国、美国到巴布亚新几内亚、日本、巴西及其他地区，七种情绪——厌恶、愤怒、恐惧、悲伤、惊讶、蔑视和快乐——总是使用相同的面部肌肉展示。事实证明，这些信息对世界各地的警察、反恐怖主义和政府都是非常宝贵的。因此，当你的手指敲打着膝盖，想知道伴侣话语的真实性时，它可能对你有用。

微表情

恐惧

眉毛扬起并拢在一起 • 眉毛之间的前额皱起 • 上眼睑扬起 • 下眼睑紧绷并皱起 • 上眼白显露 • 嘴巴张开，嘴唇后缩

厌恶

上眼睑、下嘴唇和脸颊上提 • 鼻子皱起 • 下眼睑下方出现皱纹

愤怒

眉毛下垂并皱在一起 • 下眼睑紧绷 • 眼睛紧盯或凸起 • 嘴唇抿合在一起，嘴角下垂 • 鼻孔扩张 • 下颌突出

蔑视

嘴巴一角上提

> 微表情是隐藏情绪的瞬间闪现信号，能够在四分之一秒内发生，它从不说谎。
>
> ——保罗·艾克曼

艾克曼说，当有人在撒谎时，没有银弹可以检测到，即使是多导生理记录仪（所谓的“测谎仪”）也比随机概率好不了多少。它可以显示出不安或隐藏的情绪，但这种情绪可能是出于不被相信的紧张，并不一定表示说谎，所以它远不是完全可靠的。坐立不安——似乎长期以来被人们（尤其是学校教师）认为是撒谎的迹象，它似乎只是一种不安的表现，而不一定是说谎的迹象。

说谎的迹象

然而，艾克曼确实声称，说出的话和身体姿态之间存在某些“热点”或冲突，表明没有得到完整、真实的信息。诸如恐惧、厌恶、愤怒或蔑视之类的微表情可能会让你了解某人言语背后的感受（参见上一页插图），并显示出隐藏的情绪。同样，还存在一种不一致的迹象，例如当一个人口头说“是”时轻微的摇头（说“不”），或者当口头宣布对自己或事实的信任时轻微地耸肩。许多迹象可能有助于更加了解总体情况：言语、声音、姿势、眼神和大大小小的手势。例如，眨眼频率的增加，意味着某人不得不更加努力思考，尽管撒谎者被发现眨眼频率较低，但这在某些情况下也会发生变化。例如，如果某人因为一种让他感到焦虑的过错而撒谎，那么焦虑会提高他的眨眼程度。扩张的瞳孔是集中注意力的另一个标志，因此可能会泄露其撒谎或焦虑的事实。

当他非常希望不被抓住时，会避免目光接触，所以如果你想检验伴侣是否说谎，请盯着伴侣的眼睛。如果他或她的眼睛在回避某事的同时锁定你的眼睛，那就意味着他们可能在撒谎，但他们并不因发出否认而感到焦虑。这意味着他们不关心你的想法。这可能会让你停下探究的脚步。你确定要这样吗？“我们大多数人都想推迟知道坏消息”，艾克曼说，因为“事实真的很痛苦”。即使我们发现有问题的信号，我们也可能选择回避它。因此，问题可能不是你的伴侣说谎，而是你害怕面对真相。现在我们回到了弗洛伊德的领域。亲爱的读者，想要再一次接受心理咨询吗？

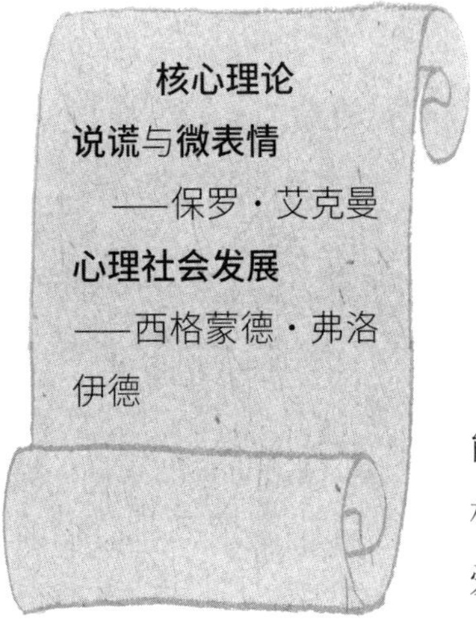

我的老板很酷。她干练、善于表达、有条理，穿着得体。为什么我不能像她那样？

克莱因 ‖ 费尔贝恩

你的老板听上去似乎很完美……当然，这是不可能的。作为人，她会像我们其他人一样犯各种错误。但似乎你没有看到那些错误，所以有些事情会给你的视野蒙上阴影。精神分析师将此描述为理想化的过程，源于你很久以前做出的选择："她是坏人，还是我是坏人？"

在20世纪20年代，一种称为客体关系理论的精神分析新分支开始发展。弗洛伊德用"客体"这个词来表示我们内心驱动的目标，但他并没有给予客体足够的重视，因为基于他的本源性自恋理论，早期发展的所有能量和动力都是针对自我的。然而，弗洛伊德的一个名叫**梅兰妮·克莱因**（Melanie Klein）的门徒开始以孩子为研究对象，她认为其他人——外部的"客体"——对于自我的形成以及我们看待世界、他人和我们自己的方式非常重要。更重要的是，自我和世界观的形成过程和结论将决定我们与其他人在余生中的关系。突然，"关系"走到精神分析的中心舞台，从那时起它一直维持中心地位。在这个过程中，分析师意识到为什么我们中的一些人倾向于看到黑白分明的世界，将其他人视为绝对坏或绝对好（堪称"完美"）。

内部和外部世界

克莱因假设婴儿感受到了几乎压倒性的焦虑，经历了从内心的“死亡本能”威胁要杀死他们，到出生本身的创伤以及饥饿和沮丧的早期经历。她说，婴儿的想象力也非常丰富，并且对各种事物都有幻想，并且内心倾向于对他们所接触的一切事物进行内部表征。他们不断内化“客体”（如父母），对其进行心理表征，将这些与自己的幻想和焦虑混合在一起，然后将心理表征投射回外部世界的人。这意味着他们现在以这种新的、调整后的方式来看待这些人。

这对婴儿来说是一个壮举，那么它是如何发生的呢？克莱因说，婴儿会把他的好感和不良情绪投射到外在世界的物体上，而他遇到的第一件真正重要的事物就是他母亲的乳房。婴儿正是将自己的爱与恨投射到母亲的乳房上。“好乳房”被视为充满爱意也被婴儿爱着的妈妈，她拥有婴儿生命本能的全部投射，“坏乳房”被视为凶残可恶的母亲，婴儿把所有坏的感觉都投射到她身上。随着时间的推移，孩子不断内化和投射心理表征的循环过程，通过这个过程开始将这两个母亲合二为一，逐渐允许真实的母亲更多地进入心目中“妈妈”这个形象，直到她们形成一个融合了好的和坏的元素的“客体”。这便是唐纳德·温尼科特提出的“足够好”的母亲（参见上文第107页）。

克莱因认为，将好母亲和坏母亲结合在一起对健康发展至关重要，因为它也有助于婴儿开始整合自己的不同成分，这样他就不会认为

> 很难想象存在一个自我高度统一和稳定的人，在任何情况下自我都没有出现基本的分裂。
>
> ——罗纳德·费尔贝恩

自己完全“好”或“坏”。此外，我们通过这样的方式习得，可能会做出一系列有益或有害的行为反应；我们意识到一个人可以包含许多情绪和行为类型，而不是看到他人的绝对完美（理想化他人）或绝对不好（诋毁他人）。

幻想少一些，现实多一些

克莱因坚持认为，孩子的内心焦虑控制着对物体的感知方式，但在20世纪40年代，精神分析师**罗纳德·费尔贝恩**（Ronald Fairbairn）将焦点从孩子的内心世界转移到了外部世界的现实。他说婴儿对母亲有两种不同的表征方式，因为母亲对待婴儿确实有不同的情绪和方法——这不仅仅是投射。然而，正如克莱因所说的那样，如果母亲在大多数时间以敏感和协调的方式回应婴儿的需要，孩子的焦虑开始得到缓解，并且他能够将两个内部表征（好妈妈/坏妈妈）整合到一个“足够好”的“妈妈”中。

父母必须被看作好人

费尔贝恩说，真正的问题是，如果婴儿由情感缺失的、侵入的、不稳定的或混乱的父母照顾，会发生什么。这对孩子来说既痛苦又危险，因为孩子依赖他的照顾者来维持生命。在这种情况下，感到安全的唯一方法是完全压制坏父母的想法，有效地“让

> 精神分析治疗的目的是破坏构成患者内心世界的封闭系统，从而使这个世界能够受到外在现实的影响。
>
> ——罗纳德·费尔贝恩

坏妈妈消失”。然而，这留下了一个问题：如果母亲是完全好的，为什么她没有回应自己对食物或帮助的呼喊？一定有某种原因……啊！婴儿意识到一定是因为自己是坏人；如果他很好，那么全能的父母会照顾他。在这一刻，婴儿会把所有属于被压抑的“坏”母亲形象紧紧地贴到自己身上。通过这样做，他吸收了所有父母的沮丧、混乱或虐待（“坏”），通过牺牲他的内心安全来获得外部安全。正如费尔贝恩所解释的那样，“在一个被上帝统治的世界中作为一个罪人生活比生活在一个由魔鬼统治的世界中更好”。他把这称为道德防卫。但是一件可怕的事情发生了：现在，“坏”的感觉总会停留在那个孩子身上，而“好”将永远留在别人身上。

这是一个真正的悲剧，因为虽然它起源于父母和孩子之间的关系模式，但精神分析学家认为它随后将在这个人生活中所有其他关系中发挥作用。将他人“分裂”成完全好和完全坏的想法源于焦虑，当一个人缺乏掌控感，尤其是在某个被视作

权威的人身边感到焦虑的时候，这种想法作为一种防御机制就会再次出现。通过理想化这个人——比如你的老板——你就不再需要担心；她会以极其称职的方式照顾好一切，因为她可以做任何事情！她是最好的父母，你只需要更加努力。你感到被认可、理解并且感到完全安全，但你并不知道为什么。这是因为对分裂和投射性防御的内在呼唤在最初关系的重演中已经无意识地完成了。你会体验到防御的结果，而不会注意到这一点。

崩溃

可惜的是，这种感觉良好的时刻不会持续很长时间，因为理想化的另一面是贬值。你已经把你的老板奉为完人（全能的父母），之后她的形象一落千丈，不可避免。当她跌倒时，她将从你所喜爱钦佩的美丽完人转变为一个会犯错的、残缺的对象。此刻你会恍然大悟——现在她看起来像个白痴！她怎么可能这么笨？

对于那些在儿童期没有学会如何将好妈妈或坏妈妈聚合在一起的人来说，对人的整合也是不可能实现的，所以他们认为人们要么完美，要么完全令人失望。这是非黑即白思维的核心，头脑中偶尔闪过的不足之处（“我怎么会这么愚蠢？”）支持了这一点，必须立即通过新的理想化来防范（“我刚刚认识了最令人称奇的私人教练！”）。

> 坏的客体被否认了，同样地，所有沮丧的情况和沮丧所引发的坏的感受（痛苦）也是如此。
>
> ——梅兰妮·克莱因

把人们捧上神坛然后再把他们打倒的做法真是令人筋疲力尽。虽然在理想化阶段感觉良好，但这种贬值令人痛苦和困惑，它们与父母早期教养中对孩子需求失败的回应同样令人失望，他们可以感觉到同样的沮丧。然而正是在失望中才能找到真正的希望。你曾自欺欺人地希望一场拯救，全能的拯救者却跌下神坛。这时，你可能会在心里闪过自己到底想要什么，但仍不敢相信自己可以做到。这都是你的优点。偶像陨落，理想化的魔力让位于现实。有那么一阵子你觉得自己就可以掌控，可是随后你又觉得自己不可能做到，否认了这种掌控感，再次回到弱小无助的状态，把自己的全部力量寄托于新的全能者。除非……亲爱的读者，如果你发现自己重蹈覆辙，那就再坐回沙发上，来一次心理分析吧。

核心理论

分裂

——梅兰妮·克莱因

道德防御

——罗纳德·费尔贝恩

如果自我内部没有
发生相应的分裂，自我也就无法
分裂客体。

第四章：发生什么事情了？

为什么我总说一些令人尴尬的话？

弗洛伊德 ‖ 诺曼 ‖ 里森

在一次全国教师大会上，当乔治·W. 布什总统想要真诚地感谢（thank）所有教师的辛勤工作时，他说：“我想痛打（spank）所有的老师……”尴尬吗？非常尴尬。这种口误是否暗示了总统的隐秘欲望尚不能盖棺定论。弗洛伊德坚称，这种口误（多被称为“弗洛伊德式口误”）揭示了讲话者想要隐瞒（甚至是向自己隐瞒）的真相。弗洛伊德指出这些口误在很大程度上就是为了揭示那些尤其是对自己隐瞒了的真相，因为它暴露了讲话者内心深处的想法，虽然他们表面上会否认这些想法。心理学家们并不认同，他们认为认知心理学可以为口误和遗忘提供更简单的解释，也就是说口误根本毫无意义。那么事实到底如何？

1901年，**弗洛伊德**写了一本研究“日常生活中的精神病理学”的书，书名就简单地用了这几个字。这本书所关注的并不是那些因异常心理状态而遭受痛苦的人的习惯，而是我们所有人每天的习惯。弗洛伊德对这些司空见惯的怪事很感兴趣，因为他认为它们就像梦一样，是无意识及其运行存在的证据。他说，“口误”不是随机的，而是有意义的，追溯它的意思可以给说话人带来启发。他说这些司空见惯的怪事还表明，“在神经问题上，正常与异常之间的界限是不固定的，我们都有点神经质”。

尽管我们大多数人听着会有点不舒服，但这确实是弗洛伊德照实陈述的一个想法。谢天谢地，今天的认知心理学家坚持认为，口误揭示的不过是简单的思维机制。心理学家**唐纳德·诺曼**（Donald Norman）曾对这些失误进行过详细研究，他声称，小失误最常见的形式是习惯对行为的干扰，例如，你站在朋友的门前，试图用自己的房门钥匙打开门。弗洛伊德很难不对这个例子感到高兴，但诺曼博士说，这不过是因为习惯动作，这种习惯动作很容易辨认，因为它与一些比手头行为更常见、时间更近、更熟悉的活动产生了关联。

无意义的错误

诺曼说，从本质上讲，言语或行为之所以出现失误，依赖于某种认知上的“不达标”，比如注意力不集中、感知数据不完整或知识储备不足，以及存在一种与情境相适应的反应模式。此外，心理学家**詹姆斯·里森**（James Reason）认为，容易犯某种错误（如口误）的人，也同样容易犯其他类型的错误（如行为失误）。他总结说，我们在这里看到的是一个影响着心理功能方方面面的一般因素，这个因素无法抑制相互竞争的选择。

里森博士（认知心理学家中最有名的一位）说，当大脑无法抑制与所需信息相对的另一种选择时，失误就会发生。弗洛伊德会反对！他认为，准确来说，压抑是失误发生的关键。那么，是什么原因导致了对这个“口误”词的压抑不够呢？里森博士可能

> 我几乎找不到一个（言语上的）错误，我必须把它归结为仅仅是冯特所说的“声音的接触效应”。除此之外，我几乎总能发现在预期的言语之外存在某种起到干扰作用的事物。
>
> ——西格蒙德·弗洛伊德

认为，至少在某种程度上，发音相同的单词会造成（至少部分）**认知混淆**（cognitive confusion）；但弗洛伊德会立即抓住这个问题不放。他会宣称：“这显然是羞愧感造成的！”这是因某种欲望或想法产生的羞愧和内疚感与我们喜欢的自我认知方式发生冲突而产生的失误。

弗洛伊德预料到他关于“口误”的解释会引发一定的争议，他说，像心不在焉、分心、兴奋、疲惫或陶醉等因素是混在一起的，它们单独并不能提供足够的解释。它们“为口误的发生指明道路，促使口误发生。但是，如果在我面前有一条路，我一定会沿着它走吗？我还需要某种动机来决定我的选择，需要一些推动我前进的力量”。

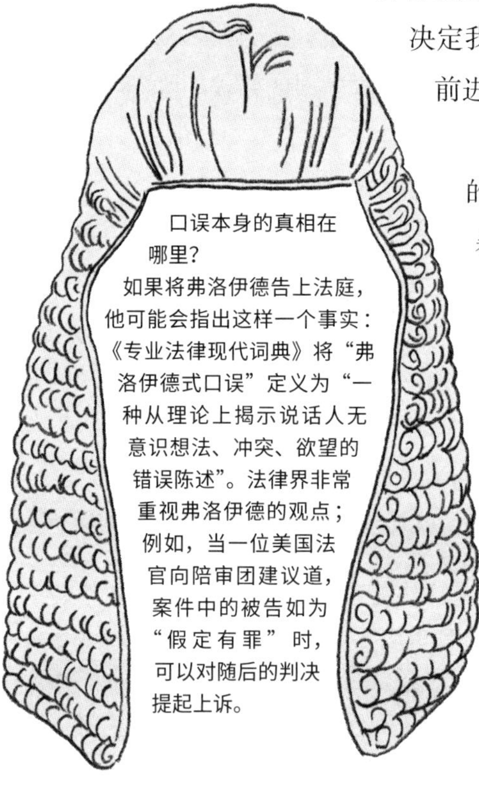

我们乐于看到一些明显的失误，它们似乎立刻就暴露了演讲者的真实感受，比如2008年12月，英国首相戈登·布朗（Gordon Brown）向英国议会宣布：“我们不仅拯救了世界，呃，还拯救了银行……”或者是后来的英国首相戴维·卡梅伦（David Cameron）一边自欺欺人地宣称，他是在“为富人筹集更多资

著名的弗洛伊德式口误

“很少有人问：我们的孩子在学习吗？”

美国总统乔治·W. 布什是教育体制的坚定拥护者，他在2000年的一次演讲中如是说。

“工作是喝酒阶层的祸根。”

威廉·A. 斯普纳牧师本想说“喝酒是工人阶级的祸根”，由于他的口误而闻名遐迩，人们甚至创造了“斯普纳主义（spoonerism）”一词来形容这种口误。

“大规模分散注意力武器。”

2013年，澳大利亚总理陆克文在新闻发布会上提到化学武器。他很快纠正了自己。

“这位总统将带领我们走出经济复苏。”

丹·奎尔（美国前副总统）在1992年竞选期间。

金”，一边试图坚称他即将实施的税收改革将帮助穷人。还有美国娱乐界名媛金·卡戴珊（Kim Kardashian）的丈夫坎耶·韦斯特（Kanye West）在社交媒体上写道“一大早就去硅胶（Silicone）谷开会”，后来改成了“硅”（Silicon），以证明他指的不是整容手术中使用的材料。就连奥巴马总统也难逃这种反常的失误，比如他说的这一句“我们应该改革我们的刑事司法系统，关押非暴力罪犯不应该让他们在离职后无法找到工作”。奥巴马将“离开监狱”误说成“离职”，这让我们不得不好奇他怎么看待白宫之外的生活。

在精神分析的沙发上

弗洛伊德对现象的研究比我们更细致入微，他从情结的角度，有时也从简单的欲望或恐惧的角度，探究患者话语中突然出现的失误背后的含义。他这样描述一位年轻的医生：他胆怯而虔诚地向著名的维尔乔博士介绍自己："我是维尔乔博士。"教授惊讶地转向年轻人，问道："你也叫维尔乔吗？"弗洛伊德对此感到疑惑，这个年轻人是否觉得自己和这个"大人物"相比是如此渺小，以至于连自己的名字都忘了呢？他也好奇，这个年轻人是否有勇气承认，他暗自希望有一天能成为和教授一样伟大的人。

另一个病人，急于表明他不是他所认为的"无用的一代"的典型代表，他使用了一个拉丁谚语，但省略了一个词：aliquis（意为"某人"）。他向弗洛伊德提出挑战，要求弗洛伊德分析他失误的原因。开始时，弗洛伊德让这个人告诉他："坦率而不加批判地说，如果你把注意力集中在那个被遗忘的词上，你脑海中会出现什么？"这个人开始产生一系列的联想：aliquis、a-liquis、遗体（reliquiae）、溶解（liquefying）、流动性、液体、特伦特城的西蒙、对犹太人的血祭仪式的控告……新版本的救世主……一篇关于圣奥古斯丁描写妇女的文章……圣本笃、圣奥古斯丁、圣雅努雅流——创造了"血液奇迹"的圣人。他解释了圣雅努雅流的血液是如何在一个特别的圣日液化（liquify）的。他又开始讲起血的奇迹，但说了半句停了下来；在弗洛伊德的鼓动下，他表达了对一位可能很快就会透露一些"难堪消息"的年轻女性的担忧。"她的月经期已经结束了？"弗洛伊德问道。"你怎么能猜到呢？"年轻人有些惊慌地回答。

为什么这很重要?

弗洛伊德声称，口误（就像你正常犯的错误一样）揭示了坚持说出来的东西和试图压制它的内在力量之间的冲突。有趣的是，大众对弗洛伊德式口误的观点很支持，它们在网上无休止地流传，让我们感到有趣；而现代心理学不愿接受它们，认为它们只不过是单纯的言语错误。这两种立场之间也存在冲突。本质上，这是一场关于无意识本身是否存在的争论；如果口误只是头脑中笨拙而毫无意义的“错误”，那么就没有理由假定无意识的存在。然而，如果它们具有意义，那么似乎某种超越理性意识的东西已经暂时为人所知。心理学家希望正式压制的是无意识本身的概念。没有人比弗洛伊德博士更欣赏这一讽刺了。

核心理论

弗洛伊德式口误

——西格蒙德·弗洛伊德

认知混淆

——詹姆斯·里森

哈利·波特的真正魅力是什么？

荣格‖卡尔斯切德‖温尼科特

目前，《哈利·波特》系列丛书的印数已超过4.5亿册，以73种不同的语言出版。《哈利·波特》系列丛书似乎不受文化或背景的影响，仍继续销往全世界的儿童和成年人。那么，这些书吸引了数百万人的原因是什么呢？答案可能在于卡尔·荣格所说的存在于我们每个人大脑中的神话心智层面，这里充满了有能力在现实世界拯救我们的魔法原型。

就像所有的故事一样，我们需要从头开始，从《哈利·波特与魔法石》开始。这种魔法石是传说中的一种物质，中世纪的炼金术士相信它能够将廉价金属变成黄金，或者创造出长生不老药。从象征意义上说，它代表了一个人内心转变的最后时刻，他们最终成为真正的自己，并充分发挥自己的潜力。寻找魔法石是《哈利·波特》系列第一本书的主题，它提醒我们该系列的炼金术、变形的本质，以及主人公对真实性的追求——这两个都是**卡尔·荣格**一直关注的问题。

神话和原型

许多故事都以主人公的旅程为出发点，主人公以一个相对无力和不快乐的状态为出发点，进行某种形式的冒险，迎接挑战，发现自己的力量和真实的自我。在某种程度上，这就是哈利·波特的故事。然而，由于我们生活在充满神话人物和现实生命的地方，我们也身处荣格的原型的地方。荣格相信我们都可以进入“集体无意识”——一种神话心智层面，在那里可以找到存在的原型（远古的模型）。荣格周游世界，发现同样的形象在世界各地的童话和神话故事中反复出现，如智慧老人、邪恶女巫和“永恒少年”（参见上文第64页）——那些从未真正长大的彼得·潘式的人。荣格认为在我们出生时，这些必定以某些形式存在于我们的头脑中，存在于潜意识深处。当我们在现实生活中遇到与某个原型相符的人时——比如魔术师——我们会认出他们，这有助于我们的生活。

荣格说，一个特定原型的实际内容，而非它的一般形式，会因国家和时代的不同而有所不同。例如，魔术师在中国神话中以美猴王的形象出现，在挪威神话中以洛基的形象出现，在美洲土著神话中以郊狼的形象出现。我们也会根据我们的个人经历来填充每一个原型，所以即使我们是亲人，我对邪恶女巫的看法也会和你略有不同。因此，原型是我们从集体无意识中获得的“模式”和我们在外部世界经验的融合。

荣格原型不仅存在于我们所遇到的人身上，也存在于我们自身的某些部分。例如，人物角色就是我们展示给别人的“面具”。阿尼玛是男性中的女性元素，阿尼姆斯是女性中的男性元素。阴影（参见上文第156页）是我们自身最不喜欢的部分——我们甚至可能憎恨我们自己的这一部分，我们可能认为这一部分是邪恶和卑鄙的。

和所有的童话故事一样，《哈利·波特》系列中的人物似乎与荣格的原型相匹配。邓布利多完美地诠释了塞内克斯，也就是睿智的老人的原型。他蓄着胡须，具有非凡的判断力和智慧，扮演着一位年轻人的导师。韦斯莱夫人可能是伟大的母亲，她养育孩子，富有创造力；而贝拉特里克斯可能代表着可怕的母亲，一种死亡和毁灭的力量（精神分析师梅兰妮·克莱因会欣赏这种分裂的，参见上文第176页）。罗恩和赫敏可能代表着阿尼姆斯和阿尼玛，而海格肯定是温柔的巨人，一个生活得简单、缓慢，主动提供友谊和保护的原型。

哈利是谁？

哈利起初似乎是一个将开始一场变革之旅的英雄，他克服越来越困难的挑战，直到完全成为自己，而不是由别人的想法决定他是谁或应该是谁。在整本书中，他当然饱受这些问题的困扰，因为人们总是坚持把自己关于他应该是谁的各种想法投射到他身上，而他却徒劳地试图反抗。这些预言中最大的一个当然是“天选之子”，他生来就是为了拯救魔法世界。在这个角色中，他可以被看作一个圣婴，一个看起来极度脆弱和虚弱的原型，但他在各种不利条件和各种阻碍他成长、防止他做伟大事情的力量的作用下生存下来。对基督徒来说，这个原型在耶稣的叙述中找到了例证；对佛教徒来说，悉达多是这个原型的例证；而对印度教来说，克利须那神是例证。圣婴的想法可以在世界各地的宗教和神话中看到。这并不是说哈利象征着这些人物中的任何一个，只是说他在一开始就被标记为一个圣婴，他将拯救所有人。但是，你可能会问，在德斯礼和女贞路这个沉闷的世界里，这真的可能吗？有没有可能从郊外楼梯下的橱柜里走出来一个人，成为一个真正的英雄？

原型的能量可以是光明的或黑暗的，可能是天使或恶魔。

——唐纳德·卡尔斯切德

原型

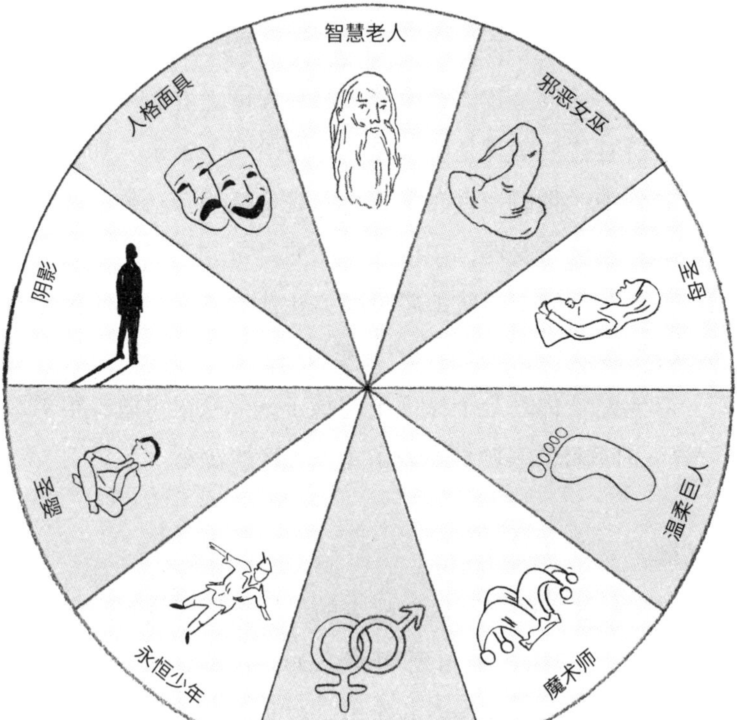

荣格说，我们都能接触到我们头脑中的神话人物，我们可以用这些类型的人物来识别世界上不同类型的人，也可以用他们作为创伤后的替代人格。我们可以在童话和虚构的魔法故事（比如《哈利·波特》系列）中找到原型

在整个系列的前半部分，哈利自己也怀疑并反对这个想法。荣格关于“变形”的思想不是成为“你所能成为的最好的自己”或一些我们自己的光辉形象，而是认识到“我们自身存在的法则”。他的意思是，通过完全接受自己，我们最终可能认识到什么叫我们——我们的使命。这听起来可能很简单，但信奉荣格的分析师了解这项任务的真正困难之处。它包括接受我们不喜欢的所有部分（包括我们的阴影、人格面具、阿尼姆斯和阿尼玛），并说道：是的，这也是我。即使这在某种程度上看起来很尴尬或有风险，但所有这一切都是我。如果这是哈利的追求，那就意味着在整个系列中，我们一直在朝着哈利完全接受自己身份和命运的方向前进。他终于发现，在接受自己的身份和存在的法则时，他必须自愿向邪恶的巫师伏地魔投降，让他被杀死。他迈出了这一步，暂时被送去“另一个世界”。邓布利多在“另一个世界”遇见哈利，对他说：“你真是个棒极了的孩子，你是很勇敢、很勇敢的人。”这一时刻标志着哈利实现了完整人格的转变。

原型防御

荣格派的分析师还可以在故事的另一个层面找到意义。荣格派的分析师**唐纳德·卡尔斯切德**（Donald Kalsched）已经提醒人们注意原型作为防御策略的作用。当我们面对一些可怕或极其困难的事情时，我们可能会无意识地召唤一个原型，并成为那个“角色”来帮助我们渡过难关。在极端的情况下，我们很恐惧，以至于“跳出我们的躯壳”（我们自己），完全进入原型的角色，来替代自己的角色。荣格说，创伤促进我们在心理上形成“自主性情结”（不同的人格），简单地说，这意味着在一个创伤事件中，大脑通过分裂成不同的部分来处理正在发生的难以承受的事实。例如，这样做的原因是将遭受虐待的部分分离出来，这样其他部分就可以继续工作。这样，晚上被虐待的孩子，就不是坐在早餐桌旁和施虐者一起吃饭的那个孩子了。生活可以以某种方式继续，因为它必须继续。这种分裂，或者说分离，是大脑的一种保护功能，当我们的生活中有无法忍受的经历时，这种分裂可以让我们选择进入“没有经历过这件事”的人格部分，从而让生活继续前进。

梦想之地

卡尔斯切德（和荣格）认为，在极端的情况下，我们的心智会进入神话层面——集体无意识和梦想的家园，在那里它会发现各种原型或角色在等待它。一些受创伤的孩子完全退回到一个充满神奇生物和神奇场所的内心世界，这个世界保护着他们自己无辜的一部分，让他们远离外部世界的恐怖。还有人会召唤一个、两个或者更多原型进驻他们的分裂人格，随之而来的，就是精神分裂。考虑到这一点，在《哈利·波特》系列丛书中，谁正在经历创伤？谁正在经历“分裂”？

从某种意义上说，我们可以把哈利看作受了创伤的孩子，他有过他的父母与伏地魔战斗到死的可怕经历，然后邪恶的巫师转向哈利，直接对他发出了索命咒。哈利的母亲莉莉拒绝接受饶她一命的提议，而是选择站在她儿子的面前，所以咒语被解除了。哈利的额头上有一个分裂的符号——闪电状的瘢痕——但他没有分裂。咒语不能杀死他或以任何方式分裂他，这似乎是因为爱拯救了他。他的父母没有抛弃他；他出生后的一年多里得到了拥抱和爱（他拥有安全的依恋关系），所以即使他现在的生活很艰难，这个开端也足以让他保持完整人格。

然而，伏地魔的情况却并非如此，他施放的索命咒被反弹回来。在袭击哈利之后，他的肉体被摧毁了，他的灵魂完全脱离了他的身体，据说在别人的身体里生活了十年，最后回到霍格沃茨，附身到齐洛教授身上，变成了他背面的一张脸。这是分裂和分离的象征，直到后来我们才意识到伏地魔也经历过创伤。当他的母亲怀孕时，他的父亲得知她是个女巫，就离开了她。她生下他后不久就死了，把他留给了孤儿院。他从未感受过爱，也永远不会；他对自己的命运怒不可遏，发誓要成为有史以来最伟大的巫师（虽然哈利一再否认这是他的命运），并且欺骗死神（而哈利最终会自愿走向死亡）。在罗琳写过的有关分裂的描写中，最生动的部分可能是，罗琳让伏地魔把自己的灵魂分成了七个部分——魂器——然后藏在世界各地。如果最终要让伏地魔死掉，必须找到所有七个部分并把它们杀死，而其中一部分就是哈利自己。

英雄与毁灭者

哈利和伏地魔是一个人的自我和影子，以两种截然不同的方式对抗创伤的影响吗？当一个人从一开始就懂得爱，他的幸存就是可能的，哈利是否正是这种幸存的自我的例证？而伏地魔是不

> 原型被认为是原始的形象，是心灵的自发产物，心灵不反映任何物理过程，而是在物理过程中被反映出来。
>
> ——卡尔·荣格

卡尔·荣格
通过对这些
集体转化
过程的研究而
对炼金术象征
主义的理解，
我得出了心理学的
核心概念，即个体
化的过程。

从一开始我就有一种宿命感，好像我的生活是命中注定的，一定要有所作为。这给了我一种发自内心的安全感，虽然我无法向自己证明事实如此，但命运却向我证明。我不能确信事实如此，命运却让我不得不信。

——卡尔·荣格

懂得爱的绝望的自我的例证吗？罗琳说："这两者在本质上是统一的：它们可以接触到彼此的思想，伏地魔伤害哈利时会感受到剧烈的疼痛，而且他们的魔杖实际上有着共同的核心——一根凤凰羽毛，代表着重生，代表着从灾难中崛起。"这两个人就像一个被创伤分裂的人，因为他们经历了如此不同的过去，因而走上不同的道路。当我们经历了恐惧和痛苦，我们可能会成为明智的英雄或冷酷的恶棍，拯救世界或发誓要毁灭世界。心理治疗表明，我们是否被真正地爱过可能会带来很大的不同。

小说中哈利是在1980年7月31日出生，书上说他的母亲在1981年10月31日去世，当时哈利只有15个月大。在现实生活中，依恋理论学家认为这很重要，因为在这段时间里，关爱和回应式的照顾对婴儿在这一阶段建立稳定的核心自我至关重要（参见上文第173页）。像艾伦·肖尔（Allan Schore）这样的神经科学家不仅支持这一说法，而且还提出，大脑边缘区域和皮层关联区域的成熟与建立安全依恋有关，这一过程在婴儿15个月大的时候就完成了。（这是巧合吗？荣格可能会认为这是同步的。）肖尔还指出，分离的压力——遗弃——会导致抗议、绝望和冷漠。从未体验过爱或支持的婴儿无法感受到爱，不能与他人建立联结；他们感到非常孤独。精神分析学家**唐纳德·温尼科特**称这是一种“原始痛苦”的形式，它会导致自我的毁灭，产生一种“永远堕落”的感觉，而这种感觉会被创造出来的本质上是精神病的防御所抵消，比如破坏者原型。

如果哈利·波特是那个活着的男孩，伏地魔——汤姆·里德尔——肯定就是那个在第一卷开始之前就死了的男孩，在他攻击哈利时他的身体就被杀死了。从那以后，他的思想和灵魂分裂成七块，散落在七本书里，这七块似乎全都集中在另一个人身上，一个被爱着的人身上，无论伏地魔多么大声尖叫“看着我！”。但我们还是转过身离开了。圣婴受人崇拜，但迷失的孩子却永远不被看见。也许，对迷失的孩子随意一瞥，我们就会一次又一次地回想起这些书，至少和看到英雄的旅程时回忆这些书的频率一样高。

核心理论

原型

——卡尔·荣格

防御原型

——唐纳德·卡尔斯切德

我真的好后悔，我该怎么办？

汉普夏尔 ‖ 兰德曼 ‖ 吉洛维奇 ‖ 梅德维克 ‖ 费斯汀格 ‖ 佩尔斯

如果在一生中你曾做过选择，你肯定会为其中的一些选择感到后悔，这意味着那种极度不舒服的后悔感是人的经验所赋予的。正如心理学家托马斯·吉洛维奇和维多利亚·梅德维克所提出的问题，我们如何才能找到一种方法来消除“后悔”这种持久的情绪呢？

后悔包含的判断元素很多，比愤怒或嫉妒情绪要多得多。哲学家**斯图尔特·汉普夏尔**（Stuart Hampshire）爵士认为，这是因为后悔承载着很大的认知负担；它要求我们以一种实际的方式思考我们所做的决定，而不是简单地审视我们的情绪体验。另一方面，它不仅仅是认知上的——它伴随着大量不舒服的感觉，所以它绝对是一种情绪，但这种情绪伴随着大量的认知输入。这就非比寻常。

那么后悔到底是什么呢？心理学家**珍妮特·兰德曼**（Janet Landman）将其描述为一种带有感情的理性或者是带有理性的情绪，这种情感发生在我们为自己的不幸、受限、损失、缺点或错误感到难过之时。正如许多心理学家所指出的那样，一个令你后悔的行为可能是一种犯罪行为（你做了某些事），也可能是一种疏忽行为（你选择不做某事）。它甚至可能不是你后悔做了某个行为，而完全有可能只是因为对于某个人或者某个团体的一些成员有过某些想法而感到后悔。然而，所有令人后悔的决定都有一个共同点，那就是你有一定的控制感；如果你不能自己做决定，这种感觉可能是失望，但不会是遗憾。

倘若……将会怎样？

当我们一遍又一遍地回想我们后悔的事情时，我们的思考方式包含了“反事实思考”的元素。这是考虑所有可能的替代路径。它本质上是内心产生的一种“倘若……将会怎样？”的一连串质疑。（如果我当时没有卖掉那所房子，而是在一年后，当市场更强劲时再卖掉，情况会怎样？）我们越容易以更好的结果重建事件（我有很多方法可以处理得更好！），我们的后悔就越强烈。“时间接近”也会让情况变得更糟；如果你在卖掉房子一个月后，房地产市场就出现了价格飙升，那感觉比市场几年没有好转还要糟糕。另一个强化因素是“例外”——如果你不走寻常路，以一种例外的方式行事（也许搬到一个新地区时，你本应该像通常那样租房一段时间），那么你会为自己的决定而更加自责。

研究还表明，出于某种原因，在短期内我们后悔做过某事多于没做某事，但从长期来看，我们更后悔的是没有做某事。当人

降低失调

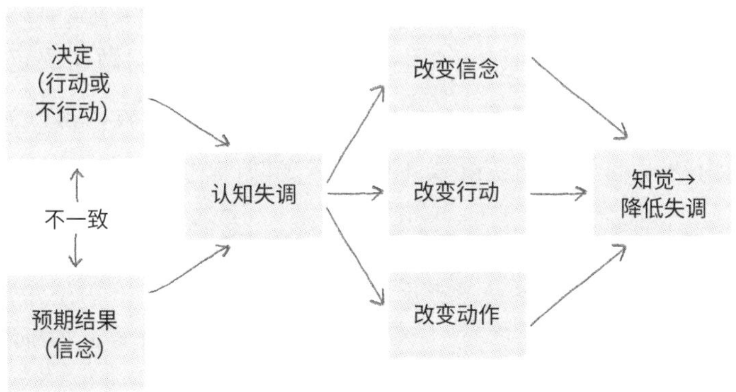

们被问及他们人生中最大的遗憾是什么时，他们会说“我希望我在父亲去世前告诉他我爱他”，或者“我希望我在学校更努力学习”。**托马斯·吉洛维奇**（Thomas Gilovich）和**维多利亚·梅德维克**（Victoria Medvec）发现，我们因没有去做某事引发的遗憾最终带来更大的悲伤。这可能是因为如果我们做了某件事之后后悔了，我们可能有机会改正。例如，如果你后悔和你的伴侣结婚，你可能会离婚。但是如果你对一个你后来希望结婚的人说“不”，那个人之后可能和别人结婚了。采取行动的机会是限定在特定时间内且不允许改正的。此外，因为这件事在某种程度上没有结束（没有采取行动），它从来没有“结束”过，所以正如布鲁玛·蔡加尼克所发现的那样（参见上文第102页），大脑对这件事的“档案”永远是打开的，后悔的感觉会一直持续下去。

那我该怎么摆脱它呢?

吉洛维奇和梅德维克建议使用一种叫作“降低认知失调”的方法。心理学家**里昂·费斯汀格**（Leon Festinger）首次将认知失调一词用于描述我们的信念和行为之间相互冲突时产生的感觉，比如明知吸烟会给健康带来重大风险却仍继续吸烟。它也发生在我们对世界和自己的认识发生冲突时，所以当我们做出决定（基于我们可以汇集的所有的信息和清晰的思维）之后，事件恶化，我们对决策的预期和实际发生的事件之间的差异导致一种不舒服

> 活在当下的能力是精神健康的重要组成部分。
>
> ——亚伯拉罕·马斯洛

> 我只有一个目标：传递“现在”这个词语的一小部分意义。
> ——弗里茨·佩尔斯

的失调感。这是一种紧张的状态，我们有强烈的动机去减少和消除这种紧张感，所以我们的大脑开始尝试这样运作。他们一遍又一遍地想：我怎样才能做得更好？我怎样才能让我的欲望和期望与发生的事情保持一致呢？我能改变世界或纠正我所做的事情吗？有改变的余地吗？

吉洛维奇和梅德维克的第一个建议是尽你所能去纠正错误。如果你在大学选错了课程，看看你现在能不能在夜校选课。然后，找出任何一线希望，特别注意你从自己、他人或世界的经验中学到了什么。如果你能识别出一件或多件你学到的有用的事情，并

佩尔斯有关不恰当思维方式的观点

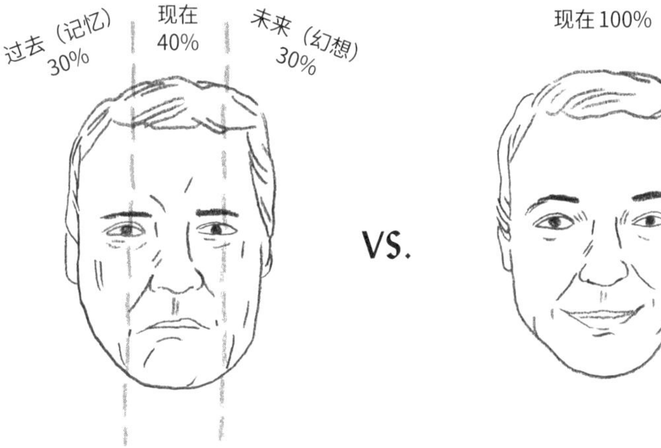

佩尔斯说，当我们根据过去的经验或未来的推测来做日常决定时，我们无法对当前环境做出全面的认识，也无法对当前环境做出具体的反应

且能够说出你的经验（“我学到了很多!”），那么你将能够有效地使用降低认知失调的方法。也就是说，你将减轻结果和你想要的自我成长和自我利益之间的紧张关系。从这个角度来看，这个决定给你带来了一些好的、有价值的东西。本质上，你在改变“理性情绪”发挥作用做出的判断，这是你所能做的全部（因为你无法改变事件）。通过将你的注意力从这件事转移到另一种思考方式上，你可以改变产生失调感的冲突中的一方，从而使两者协调起来。最好的方法之一就是从一个更大的视角——你的整个人生和毕生发展的角度——来看待这件事。如果从这个角度，你能看到你学到了一些真正有价值的东西，这种失调感就会消失。

我必须解决它，是吧?

不一定。另一种可能的方法是遵循传奇精神治疗师**弗里茨·佩尔斯**（Fritz Perls）的建议。他和妻子劳拉·佩尔斯（Laura Perls）共同创立了格式塔疗法。佩尔斯夫妇说，过去并不存在，如果你在回想一段记忆，你仍然是在想着现在。无论如何，你的记忆不会是准确的，因为每次你检索和回顾它的时候，你都会改变它。

“神经质的思维是不合时宜的思维。”弗里茨·佩尔斯说。我们一想到过去那些挫磨我们欲望的事情就会变得抑郁，然后我们会因为把它们投射到未来而变得焦虑，直到我们在越来越多的悔恨、焦虑、愤怒和羞愧的模糊记忆中徘徊。他的回答是什么？从字面上来说：“让它滚出你的脑袋，用你的感官感受!”停止思考，把你所有的注意力集中到你的感觉上。你现在能看到、听到、闻到或触摸到什么？你的呼吸怎么了？通过专注于此时此地，你的思绪将会平静下来，同时你也会对来自周围世界的信息敞开心扉。

他说，“除了‘现在’，什么都不存在”。这就是全部。别再对自己开玩笑了！（佩尔斯从不犹豫要不要手下留情，他对唤醒我们回到生活中充满热情。）现在你需要全神贯注，所以如果需要的话，把意识拉回来。尽你所能地将它带回到现在就可以了。

佩尔斯有句名言，“活在当下”，因为我们没有别的地方可去。如果你能理解这一点，它就像一个魔术一样发挥作用——整个认知失调的冲突消失了，因为它无关紧要。这些冲突就像魔术师帽子里正在消失的兔子一样，一去不复返了。所以他会说，不要只想着它。行动吧。现在就去。（活在当下。）

核心理论

降低认知失调

——托马斯·吉洛维奇和维多利亚·梅德维克

过去不存在

——弗里茨·佩尔斯

此时此地的经验构成
唯一的现实，而对过去的记忆
和对未来的期望则被认为是幻想。

弗里茨·佩尔斯

我应该为了爱还是为了钱而工作？

马斯洛 ‖ 杰克斯 ‖ 麦克里兰 ‖ 弗兰克

在这个普遍资金短缺、经济不稳定的时代，追求收入更高的工作机会似乎是合乎逻辑的。然而，由于我们大部分的时间都花在工作上，我们也需要在我们所做的事情中找到一些满足感，否则早起上班会变得越来越困难，这最终可能会对我们的健康产生不利影响。那么，在考虑一份工作时，薪酬和工作本身哪个更重要呢？或者有没有一种简单的方法将两者兼顾呢？

心理学家会建议我们从动机理论的角度来看待这个棘手的问题——是什么驱使我们继续前进？1943年，心理学家**亚伯拉罕·马斯洛**发表了一篇名为《人类动机理论》的论文。他在论文中说，我们的动机是由五种层次分明的需要驱动的（参见上文第72页）。这意味着，一旦最低层次的需要得到满足，我们就有动力去追求下一层次需要的实现。

首先，他说我们必须满足我们对食物、水和性的生理需要。这些问题一旦得到解决，我们就会寻求满足我们的安全需要，确保我们的身体免受伤害。在这之后，我们寻找归属感和接纳感。然后我们想要满足我们对尊重的需要，比如自尊、自主、地位和认可。最后，当所有这些需要都得到满足时，我们就会努力实现自我：充分发挥我们作为人的潜能。

根据马斯洛的理念，我们可以说钱很重要，因为它有助于满足我们的生理和安全需求。这意味着我们只需要一定的收入水平——马斯洛认为，超过这个水平的任何收入都无法更让我们的感觉良好。许多研究都证明了这一点，包括经济学家理查德·伊斯特林（Richard Easterlin）2010年的一项研究。这项对37个国家的研究显示，幸福感水平并不会随着收入的增加而提高。

做比较

但是，我们对金钱的看法比马斯洛的著作所提出的要复杂得多。我们非常容易因为做比较和不公平而感到不安。职业心理学家**史蒂夫·杰克斯**（Steve Jex）发现，人们在评估工作满意度时，会将自己的收入与自己认为应该获得的收入进行比较。他还发现，我们的许多判断都受到周围人的影响，因为我们指望同事帮助我们理解环境，甚至培养对环境的态度。如果我们的同事表现得积极并且对环境满意，似乎我们也会这样。

一旦我们开始把自己和公司里的其他人比较，各种各样的因素就会发挥作用。这是因为，除了直接的工资差别，还有各种各样的福利可供比较，包括从在更安全、更安静的地方工作到拥有停车位或医疗保险。工作环境与马斯洛的第三层和第四层需求——社会需求和尊重需求有关——因为它们能带来一种作为团队的一员被重视的感觉，并随之带来归属感和尊重感。另一方面，如果工作环境不能满足这些需求，人们会感到孤独、努力不被认可、价值被低估。我们似乎需要归属感，这种归属感不仅体现为我们是团队的一部分，还包括我们是团队中有价值的一员。

控制感与自主性

对许多人来说，对尊重和社会归属感的需求很重要，但那些

> 通常只有在更优先的需要得到满足时，才会出现新的需要。
>
> ——亚伯拉罕·马斯洛

对权力的需求很高而对归属感的需求很低的人呢？职业心理学家**大卫·麦克里兰**（David McClelland）提出，我们在工作场所只有三种动机需要：权力、成就和归属感。他说，这些原则不受年龄、性别、种族或文化影响，而是因我们的生活经历而不同。马斯洛的理论认为，金钱只会在一定程度上影响我们，之后其他因素就会进来，而麦克里兰认为人格在其中起着更大的作用。他认为，那些努力获得更大权力或成就的人可能会在途中获得更高的经济回报，但金钱不是关键的激励因素，也从来不是首要的关注点。那些争取更多归属感的人喜欢成为和谐群体的一员，他们的关注点也不在钱上。麦克里兰似乎也不认为提供的薪水是工作决策的关键。

几乎所有关于工作满意度的研究都表明，自主性是关键。在某种程度上，被调查中的受访者一再将对工作和工作日的控制感列为工作满意度的必要条件。马斯洛把这一点放在了他的第四个需求层面，但它也在向第五个需求层面迈进：自我实现。这就是人们所说的“成为最好的自己”的意思，它包含了一种“我想要什么”的感觉，而不仅仅是“公司能为我提供什么”。当这成为焦点时，与他人的比较就变得毫无意义，只会让人分心，这也许是找到你喜欢的工作的真正关键。工作环境可以使工作变得很好——甚至很有趣——但不是不令人打心眼儿里满意。为此，我们必须另寻出路。

在足够多的顾客中，哪怕是很小一部分人关心你的服务，你的价值可能就很大。

——罗伯特·H. 弗兰克

心流

经济学家**罗伯特 · H. 弗兰克**（Robert H. Frank）建议我们从思考自己喜欢什么开始。什么活动能完全吸引你？什么事情会让你忘记时间，因为你太专注于一项任务，以至于百分之百的注意力都集中在它上面？这就是“心流”的体验（参见上文第46页）。找到这个，就别担心钱的问题了，因为你最终获得的钱会超过你最大的野心。弗兰克的推理是这样的：如果你找到一种能让你体验到“心流”的活动，你就会自然而然地、轻松地成为这类活动的专家，就像比尔 · 盖茨一样，他在13岁时就爱上了计算机。他不得不付费使用学校的一台电脑，当他的钱用光时，他就侵入电脑以便继续使用。弗兰克说，这不是唯一一个全情投入带来成功的例子；随着全球化和技术时代的到来，成为专家是唯一明智的选择。

如果你像盖茨一样，找到一项你喜欢的活动，你自然会开始花所有的时间去做它，你很快就会成为一名专家。互联网的存在意味着，你的专业知识在当地是否受到重视已经不再重要了，因为人们会到处寻找他们正在搜寻的专家（你！）。你变得非常有价值。这样，通过专注于你喜欢的事情，你将获得自主权，享受你的工作日，并获得尽可能高的回报。这意味着，在找工作的时候，你需要彻底颠覆马斯洛的理论：第一步是自我实现，其他的一切，包括高薪、美味的食物（第一层级的需要）、一所好房子（第二层级的需要）和一群给你留下深刻印象的潜在伙伴（第三层级的需要）都会随之而来。

核心理论

人类动机理论

——大卫 · 麦克里兰

需求层次理论

——亚伯拉罕 · 马斯洛

理解人类的动机应该是件好事。它应该帮助我们找到我们真正想要的，这样我们就可以避免追逐不适合我们的彩虹。

大卫·麦克里兰

为什么我总是选择买更贵的东西?

艾瑞里 ‖ 费斯汀格 ‖ 普拉斯曼 ‖ 韦伯

丹·艾瑞里是美国卡罗来纳著名的高级后知研究中心（Center for Advanced Hindsight）的创始人。他认为，尽管我们的行为通常是非理性的，但它并不是随机的或毫无意义的。我们的决策背后是有逻辑的，但这种“逻辑”是一种基于事实、假设、偏见和我们做决定时的心理状态的“个人逻辑”。不幸的是，就像我们大多数的行为一样，我们大部分的想法是有偏见的和无意识的，这就是为什么我们经常会想：我到底为什么要买这些？那么，有没有可能理解你购买行为的真正动机，并有意识地加以控制呢？

早在我们进入商业街或上网购物之前，某些假设就已经在起作用了。最主要的一个可能是价格是质量的标志。我们有充分的理由相信这一点：首先，在某些情况下这仍然是正确的；其次，价格越高反映价值越高的观点过去一度是正确的。在工业革命之前，材料和劳动力的成本决定了产品的价格。然而，随着大规模生产的开始，情况发生了变化。新的商人阶层根据他们认为我们可能能够支付的价格来定价，而不是根据货物的制造成本来定价。这标志着价格从反映客观价值（制造成本）到感知价值（我们认为事物有多大价值）的转变。当我们试图说服自己，那些完美的物品值得付出高得有点吓人的价格的时候，我们的信用卡剩余额度一落千丈。

价格预期（高）

那么，当我们开始购物时，发生了什么呢？首先，“价格预期”开始发挥作用。如果我们遇到一个价格让人感觉不对劲，因为它与我们的预期背道而驰，我们的注意力就会被吸引。如果价格低于预期，我们就会产生怀疑。有什么问题吗？这是假货吗？心理学家还发现，我们都是风险厌恶者，这让我们无意识地倾向于选择更安全的选项，既然这种低价看起来令人非常担忧，这必然意味着代价“更昂贵”。

接下来的问题是，产品对我们的评价，或者说我们认为产品对我们的评价。我穿名牌鞋看起来富有、成功吗？这是否表明我的社会地位很高——可能比你还高吗？心理学家意识到我们一直都有强烈的攀比需求，尤其是与我们身边的人比较的需求。我们似乎有一种强烈的愿望，希望自己在任何方面、任何时候都比别人看起来更好。社会比较理论最早是由**里昂·费斯汀格**于1954年提出的，这个理论指出，由于没有客观的方法来评价我们自己，我们便通过与他人比较来评价自己——无论是基于我们的能力、观点、所住的房子、收入还是所购买的产品。“和左邻右舍比排场阔气”总能让我们行动起来，还有什么能比挥舞名牌手提包、名牌钢笔或名牌手表更好地展示我们在这场竞争中的优势呢？

价格预期（低）

另一方面，“廉价购买”会让我们背上污名，仿佛这突然让我们在某种程度上成了失败者。很明显，影响我们选择的不仅仅是我们向他人投射的形象，也有这些选择带给我们的感受。如果买一款便宜的产品让你觉得自己是个失败者，即使它能节省一些钱，从情感上来说，这可能也不是一个明智的选择。如果你出去购物的目的是为了让自己高兴起来，那么假货或便宜货可能就不

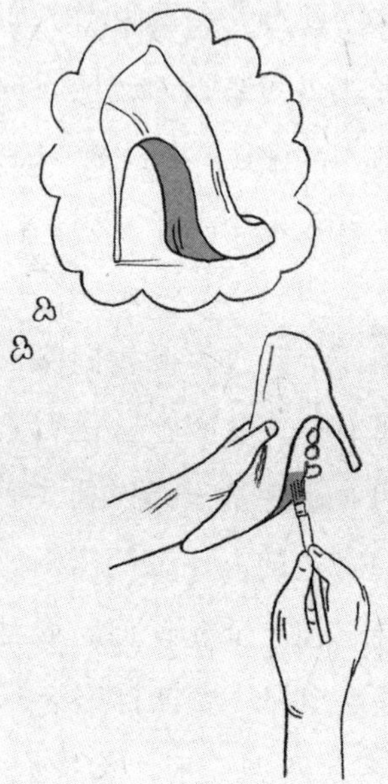

像Louboutin这样的品牌（红色鞋底是它的识别标志），其不菲的价格象征着成功和财富，这也是为什么想要传递这种信息的人往往会制造假货

管用了。这些商品甚至可能每天提醒你，你买不起“正牌的”东西。购买习惯很容易影响自尊，研究人员发现，低自尊是决定人们是否会购买他们买不起的奢侈品的一个重要因素。当我们怀疑自己、情绪低落时，它可以作为一种信号，令我们告诉自己我们是有价值的，比我们现在感觉到的更有价值。然而，购买价格非常高的商品，不仅在财务上可能有风险，而且是错误的想法，因为不久之后，购物体验带来的兴奋感就会消失，负罪感就会产生。

有很多方法可以改变我们的情绪状态，比如从沮丧的低落情绪到感觉良好的高涨情绪。其中，购物是最受欢迎的，往往也是最具灾难性的一种方法。值得一提的是，物质享乐主义者（相信金钱和财产是生活中最重要的东西）最有可能超支消费，因为他们相信，他们拥有的东西越昂贵，他们就会越快乐。然而，即使他们喜欢买东西，在购买的时候也会发生一些有趣的事情。研究表明，他们在预期购买时比购买后感到更幸福。这表明我们并不需要为了感觉良好而去购买那些诱人的产品——我们需要做的只是想象购买它，也许是把它放在一个真实的或虚拟的购物篮中，然后把它留在那里。就像很多事情一样——从性吸引到沉迷于手机（参见上文第54页）——我们从寻找行为而不是行为实现中获得大脑多巴胺分泌带来的兴奋感。

昂贵的葡萄酒味道更好吗？

在许多情况下，高价并不代表更高的质量。尽管如此，我们的大脑可以告诉我们，在某种情况下，仍然可能选择更昂贵的那个。在**希尔克·普拉斯曼**（Hilke Plassmann）和**伯德·韦伯**（Bernd Weber）的一项研究中，他们要求实验对象品尝五种不同种类的葡萄酒，同时告知他们这五种葡萄酒的价格不同。事实上，他们只喝了三种不同类型的酒。其中一款售价5美元的葡萄酒被提供了两次，但分别以两种不同的葡萄酒形式呈现，标价分别为5美元和45美元。另一种售价90美元的葡萄酒也被展示了两次，受试者被告知这两种“不同的葡萄酒”售价分别为90美元和10美元。人们不仅说昂贵的葡萄酒味道更好，而且他们的脑部扫描结果显示，大脑中与这一愉悦感相关的区域更加活跃。他们实际上更喜欢“更贵”的葡萄酒。葡萄酒没有什么不同，但价格的上涨增加了人们客观衡量的愉悦感。这意味着，在某种程度上，它更有

成本与享受

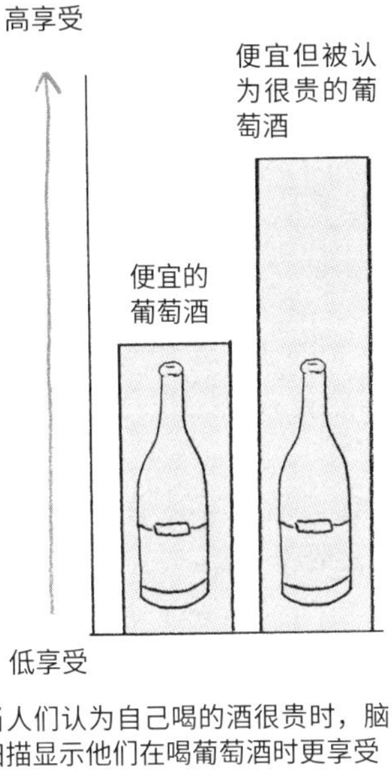

当人们认为自己喝的酒很贵时，脑部扫描显示他们在喝葡萄酒时更享受

价值，难道不是吗?

丹·艾瑞里开始对价格和感知价值在医学中的作用感兴趣。买更贵的东西有什么好处吗？艾瑞里和他的研究团队决定通过邀请受试者测试一种新药维拉酮-Rx来验证这一点。假扮的“临床研究人员”告诉受试者：临床研究显示，92%的患者报告在服用新药后10分钟内疼痛得到明显缓解，这种缓解可以持续8个小时。他们还告知，一剂药要花费2.5美元。然后，他们让每位受试者接受电击，先是没有疼痛缓解，然后吞下维拉酮。大多数受访者表示，服用“维拉酮”后疼痛减轻，而维拉酮实际上是一种安慰剂。然后用棒状的相同成分重复实验——现在说每颗维拉酮药丸要花10美分。在这种情况下，只有不到一半的受试者报告疼痛减轻。

药片越贵，安慰剂越有效。例如，虽然同样是阿司匹林，贵的可能没有任何额外的成分，但它们的疗效会更好。意大利神经学家法布里齐奥·贝内代蒂（Fabrizio Benedetti）证实，这种情况之所以会发生，是因为在安慰剂实验中，大脑释放的神经递质与鸦片和大麻具有同样的功效。安慰剂越贵，释放的天然化学物质就越多。

我们的业务是售卖快乐。我们不卖手提包或高级时装。我们出售梦想。

——持有香奈儿控股权的法国商人阿兰·韦特海默

那么我应该继续买昂贵的东西吗？

似乎高价格并不一定意味着高质量，但它确实向我们发出了一个信号："这里有一些特别的东西。"有时，这对我们是有好处的——我们真的感觉医疗效果增强了，或者从这件物品中获得了更多的乐趣。但有时这是一个明显的劣势，尤其是当我们负担不起的时候。

心理学家建议我们真的要注意市场环境。这个产品旁边是不是有一个更离谱的价格（一个"诱骗交易"的价格），让你喜欢的那个看起来更合理？你现在是什么心情？你买东西是为了改善情绪吗？还是你想给某人留下深刻印象？尽可能做一个缓慢而有意识的决定。你可能仍然会购买更昂贵的产品，但这是经过深思熟虑的选择。这是一种丹·艾瑞里可能会欣赏的不合理的逻辑。

核心理论

社会比较理论

——里昂·费斯汀格

怪诞行为学

——丹·艾瑞里

生命的意义何在？

亚隆 ‖ 范 · 德赞 ‖ 弗兰克尔 ‖ 马斯洛 ‖ 罗杰斯

这个问题时常出现在我们大多数人的脑海中，或以一种哲学的方式，或在一种略带绝望的情境中；认为生命毫无意义的想法往往是抑郁症的根源。那些坚定地持有某种宗教观点的人对于宇宙和生命的意义有着宏大的概述，除此之外，生命的意义何在？这个问题没有简单的答案。然而，自19世纪以来，宗教在西方世界影响力的下降导致许多人逐渐意识到，没有宗教，生活就没有明显的目的。正如哲学家让–保罗 · 萨特（Jean-Paul Sartre）在1965年所说："所有存在的事物的诞生都是没有原因的，他们一直软弱地活着，直到因意外而死亡……"我们出生是没有意义的，我们死亡是没有意义的。存在主义精神治疗师说，正是在认识到这一事实时，我们才找到了意义。

源自世界各地的古老神话表明，人类对意义的探索与我们的存在一样古老，事实上，"存在"与"意义"似乎是密不可分的。正如哲学家马丁 · 海德格尔（Martin Heidegger）所指出的，我们认为一个人的存在是有原因的，就像我们认为一把剪刀的存在是有原因的一样。人们需要某种东西来方便地剪东西，于是就发明了剪刀。一切存在都是有目的的，按照这一推理，人类存在必须是有目的的。只是我们找不到。我们为什么在这里？

宇宙还是个人？

存在主义精神治疗师**欧文 · 亚隆**认为，寻找意义对我们至关重要，因为正是通过意义，我们获得了价值、理想和目标。它为我们提供了一个有关生命的完整框架，而问题一开始似乎是“生命的意义是什么？”事实上问题是：“我的生命的意义是什么？”这就是我们想要寻求答案的问题。第一个问题可以参照宇宙的框架来回答，比如上帝，但是存在主义者明确地驳斥了这个解决方案。他们说，我们在这里是孤独的，没有预先安排的目标或计划，我们要对我们的生活负责。在这个意义上，存在主义精神治疗师把巨大的责任推给了他们的病人。他们说，我们有完全的自由；正是通过我们自由做出的选择，我们每个人都建立了有意义的生活。没有“终极法则”可以依靠，我们必须发展自己的价值观、目标和意义。正如亚隆所指出的，这一切都发生在一个“除了我们自己，不能指望任何事物来保护我们”的世界背景下。

如果这感觉有点吓人，那在所难免。绝对的自由带来了焦虑。我如何知道我是否做出了正确的选择？我能相信自己吗？心理治疗师**埃米·范·德赞**说，焦虑是自由的阴暗面，它们是同一枚硬币的两面。如果我走上一条宗教道路，那么我只需要遵循它，但是如果一切都是开放的，那我就可以做任何事情！自由不是一个简单的选择问题；绝对的自由，包括选择生或死的自由，其范围之广令人眼花缭乱。选择多到难以承载，就可能引起瘫痪。哲学家索伦·克尔凯郭尔（Søren Kierkegaard）描述了一个人站在悬崖边说，他的恐惧有两个原因：一是他可能掉下去；二是他可能会

宇宙中没有“意义”，没有宏伟的设计，没有生活准则，只有个人创造的东西。

——欧文·亚隆

> 我们的命运不是注定的，我们每个人都必须决定如何尽可能地充实、快乐和有意义地生活。
>
> ——欧文·亚隆

屈服于跳下去的冲动。存在主义者说，我们正凝视着深渊，甚至可以在生与死之间自由选择。一切都是可以争取的，我们只能依靠自己。

存在主义心理治疗是唯一一种以哲学为主导的治疗形式，它将自己视为存在主义在实践方面的臂膀。它认为，生命的自由和它对我们每个人寻找自身意义的内在邀请是理解幸福或绝望的关键。焦虑会不断地出现，我们必须做出选择，要么不顾这种感觉勇往直前，要么放弃这种感觉，选择平静、安全的生活。但是退后一步会导致死亡。范·德赞说，如果我们逃避生活，躲在恐惧中，我们就会被剥夺权利，变得孤立无援、失去动力、感到绝望。

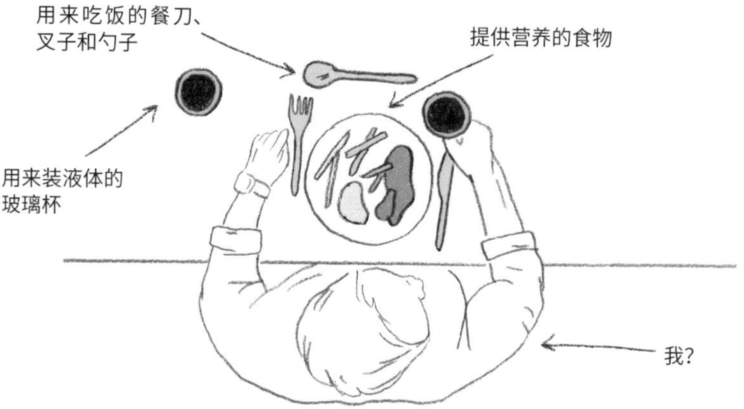

存在主义者说，我们错误地认为自己是客体，并认为我们的存在是有目的的，但事实是，我们以有机的形式出现，且没有任何理由

这就是抑郁。我们需要找到行动的勇气，而不是陷入回避或逃避药物治疗的态度。关键是要以正确的方式处理焦虑——让它足够活跃，但又不至于紧张到让我们变得功能失调。

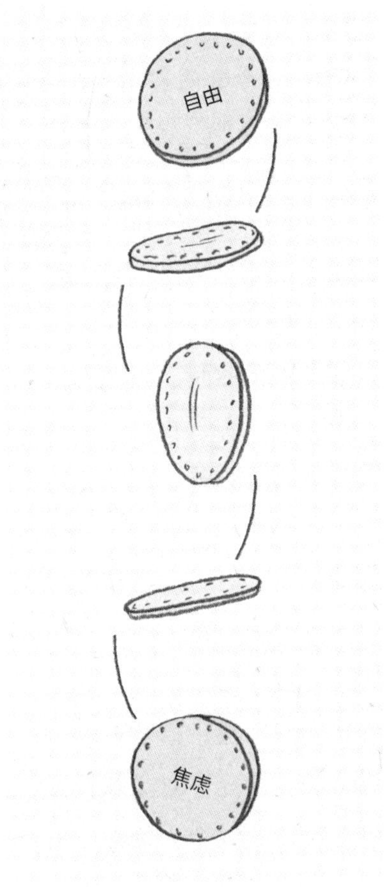

总有一个选择

心理治疗师**维克多·弗兰克尔**（Victor Frankl）坚持认为，我们总有一个选择，即使一切似乎都已失去。弗兰克尔在20世纪20年代取得了精神病医生的执照，在第二次世界大战期间被送进集中营之前，他几乎只与有自杀倾向的病人打过交道。在那里，他曾经见过拥有自由却想死的病人，而现在他是被监禁的人中的一员，尽管条件极其恶劣，这些人仍在为生存而挣扎。弗兰克尔说，当你处在一无所有的情况下时，你需要做三件事。首先，你对自己的命运抱有一种冷静的好奇心。第二，制定生存策略。第三，也是最重要的，为接下来的几分钟找到一个活下去的理由，并用它支配你的余生。这是绝对必要的。这个理由也许是一种阴森森的幽默感，也许是短暂却异常美丽的日落，也许是你爱的人。弗兰克尔本人则选择想他的妻子，他的妻子也已被送进了集中营，如果生命真的有意义，那么痛苦和死亡也一定是有意义的，但没有人能告诉别人这个意义是什么。

——维克多·弗兰克尔

他的父母和兄弟也已被送进了集中营，他不知道他们是否还活着。他在集中营的任务，在他的《人的意义探索》一书中有详细描述，是噩梦般的事情。他说，如果你能为经历这种程度的苦难后找到一个目标，你不仅可以生存，还可以成长为一个人，就像他遇到的许多人成功做到的那样。

弗兰克尔建议，当我们面对痛苦（或焦虑）时，我们知道，我们至少还有一种选择的自由——选择以何种态度面对该处境的自由。通过这种方式，我们决定了情境的意义，这使我们能够把挑战变成成就。他举了一个叫杰瑞·隆的人的例子，他17岁时在一次潜水事故中摔断了脖子，导致脖子以下瘫痪。隆写道："我认为我的生活充满意义和目标。我在那决定命运的一天所采取的态度已经成为我个人的人生信条。我摔断了脖子，但它没有让我崩溃……我知道如果没有苦难，我就不可能取得今天的成就。"

弗兰克尔所说的成长是一种个人成长，心理治疗师**亚伯拉罕·马斯洛**和**卡尔·罗杰斯**（Carl Rogers）称之为"自我实现"。当我们忠于自己，选择自己的价值观来生活，而不是盲目地接受别人或组织告诉我们的价值观时，就会带来自我实现。然而，亚隆认为，这只是寻找意义的一部分，另外四个因素也可能发挥作用。利他主义，或以使世界变得更美好的方式为他人服务，将有助于赋予我们生活的意义。对一项事业的奉献也是如此——无论是家庭、国家，还是政治、教育或科研。享乐主义，或最高意义上的快乐，如弗兰克尔在集中营里被日落的美景惊艳，有助于提醒我们关注身边神奇的大自然。最后，创造力——一种不仅能让我们为他人改善工作、娱乐、人际关系和生活，而且能把最可怕的悲剧变成个人胜利的技能——帮助我们赋予生活意义。弗兰克尔说，幸福是无法追求的，它只能随之而来。但是意义和目的可以，（而且应该）是自由选择的。

核心理论

自由和焦虑

——埃米·范·德赞

寻找意义

——维克多·弗兰克尔

第五章：我该如何提升自己？

为什么我瘦不下去？

奥巴赫 ‖ 温尼科特

这看起来像是一个可能与意志力有关的个人问题，但来自许多不同领域的专家提出了不同的看法。经济学家会指出，全球减肥产品市场价值数千亿英镑，因此，我们停止节食不符合这些公司的商业利益。他们的广告是你认为自己应该减肥的部分原因吗？如果不是，那么他们的广告是你在某种程度上减肥失败的部分原因吗？似乎我们中的很多人都因超重而难过，因不能成功节食感到更加难过。但是，强制保持身材真的是我们要走的路吗？

似乎我们越节食，我们就越超重。根据国际食品信息理事会基金的数据，2011年美国超过75%的人要么在试图减肥，要么在避免增重。尽管他们做出了努力，但仍有近70%的美国人被归为超重或肥胖。这些数字表明了与超重相关的羞耻感，正如每一个心理治疗师都会说的那样，羞耻感并不是任何事情的有益动力。

把身体作为项目

心理治疗师**苏西·奥巴赫**（Susie Orbach）是一本关于我们与食物关系的标志性书籍《肥胖是个女性主义问题》的作者，这本书于1978年首次出版，最近再版又做了更新。该书关注的是女性身体如何被作为物品商品化，以及女性自身是如何被鼓励采纳同样观点的。我们被食品、健康、节食和美容行业告知，我们的身体需要不断改善，我们有责任让身体变得更苗条、更放光彩、更精力充沛、更有吸引力。

通过这种方式，女性就会与自己的身体相疏远；她们变得不相信身体和身体的需要，甚至可能开始憎恨身体。欲望，无论是情绪上的（身体内部所感受到的）还是生理上的（如饥饿），都会受到怀疑。我们被告知，身体必须得到控制。这是一个危险的信息。控制是具有持续性的：当我们试图过度地控制身体时，事情就会失控。最近，正如奥巴赫等人所指出的，男性也同样成为了物化的牺牲品，现在他们觉得需要轮廓鲜明的腹肌和完美的胸肌，就像女人长久地渴望小蛮腰和“完美”胸部一样（而这种标准一直根据时尚在变，它是不可能达到和保持的）。

在过去，人们更加普遍接受身体有各种各样的形状，就像世界各地的国家美术馆的作品所描绘的那样。然而，如今，“理想”身材已经缩减到每种性别只有一种完美身材：身材高挑、纤瘦但是胸围大的女人和肌肉健硕的男人。现在从纽约到北京，到处都在展示这种陈规定型的外貌造型，而无视当地文化或身体特征。1995年，当电视首次被引入斐济的纳德罗加省时，该地区只有过一起被报道的饮食失调病例。三年内，69%的少女报告说自己在节食减肥，74%的少女说她们觉得自己“太魁梧或太胖”。

模式化的榜样

如今，许多社会都在培养一种名人文化，其中包括对这些“完美”的人持续崇拜（或诋毁）。我们被告知，他们很擅长通过饮食、锻炼、美容养生来把自己照顾得很好，并且你也可以做到！杂志和网站没有提到整容手术（偶尔提及则表明该明星失宠），也没有提到很多图片都是违背当事者的意愿用数字技术修改过的。2003年，当女演员凯特·温斯莱特以长腿、极其纤瘦的形象出现在《GQ》杂志封面上时，她说：“修饰过度了……我看起来不是那样的，更重要的是，我不希望自己看起来是那样。”

我们被奥巴赫所说的完美男性和女性类型的“单一形象”所包围，包括他们在电视节目和电影中，在广告牌、杂志和网站的广告中，尤其是在社交媒体上的形象。许多青少年认同这些刻板的观念，试图在拍自己社交网站的个人资料图片时捕捉到相同的表情，他们奇怪造型的摆拍暴露了原图的不真实。他们模仿名人和模特的姿势自拍，然后将自拍照与这些照片比较，或者互相比较。费斯汀格的社会比较理论（参见上文第211页）说道，我们通过将自己与别人相比较而形成自我（即“我是谁”）的意象，这其中包含了一个评估的成分。我们根据周围的规范来判断自己是否可以。这导致许多青少年对自己的身体产生负面印象，而这可能会影响到他们的整个自我意识。

这种现象并不局限于青少年中，许多研究证明，成年人也根据媒体形象来评判自己的身体。赫塞-比伯（Hesse-Biber）、莱维（Leavy）等人在2006年的一项研究中表明，接触很多“以瘦为美”的媒体导向的成年人认为瘦身是社会认可的。这使得他们对自己的身体产生诸多不满，并诉诸减肥管理、整容手术，试图达到这些不可能达到的标准。我们很快就会相信，这些通过数字技术提高的“完美”男性和女性的身材不仅很真实，而且是可以实现的。

> 过去人们知道自己的身体和饮食有问题，他们会来寻求帮助。现在，这些“问题”都被认为是理所当然的。
>
> ——苏西·奥巴赫

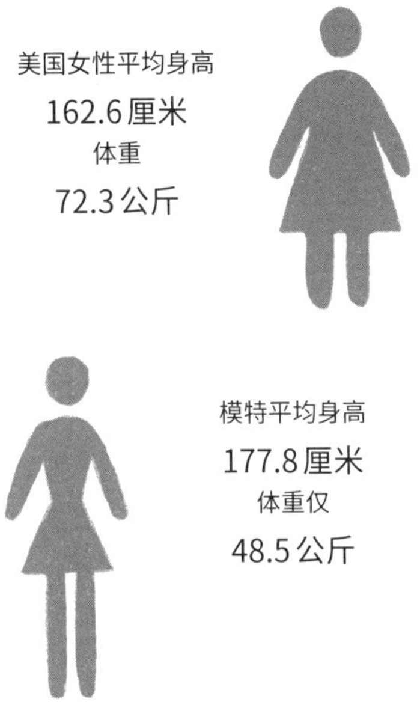

在全球媒体中，身材纤瘦、高挑的西方白人女性形象主导着对美的体现，而不考虑眼前真实女性的身体特征。这种单一的形象和单一的审美观是不真实的；已经很瘦的模特经过数码处理后可以塑造出不可能的身材。将自己真实的身体与这些图片进行比较后，女性不可避免地会觉得自己“让人失望”。很多人开始忍饥挨饿，或者通过痛苦、昂贵的手术来重塑身体的某些部位，比如鼻子、眼睛、嘴唇或乳房

创造身体

我们的身体也可能存在更深层次的紊乱，这会影响我们与食物的关系。奥巴赫引发了我们对精神分析师**唐纳德·温尼科特**提出的“虚假自我”的关注。一个被忽视或虐待的孩子为了获得关爱会创造出“虚假自我”。孩子认为，如果父母不爱她，那在某种程度上是她的错——她一定是不讨人喜爱的。奥巴赫表明，与我们婴儿期在身体上得到的搂抱、触摸和抚触相对应，我们对自己的身体也做了同样的事情。所有的抚慰、摇晃和摆动都在身体层

面上被吸收，给了我们身体上的安全感。相反，粗暴或不恰当的接触会导致不安全感。如果我们的身体需求得到满足，我们就有信心去感受这些需求、表达这些需求和满足这些需求。我们确信，我们生理上的食欲将会得愉悦的满足，这些食欲是正常的、良好的。但是，如果这些食欲被忽略或激起愤怒的反应，我们就会想象它们是可耻的，并试图拒绝它们。我们试图塑造一个没有那么多需要的“虚假的身体”。然而因为这是不可能的，我们的身体就成了不断产生危机和不安的根源。

在不同的年龄，我们都会有好几种不同方式让我们的身体性关系变得不稳定，这就会导致身体与食物关系的不平衡。因为正常的食欲会被妖魔化，所以饮食会变成一种强迫症。整个世界准备好了大把批评在等着我们，说我们身体发生的“状况”是我们自己的错，我们因此立刻设定自我完善的计划。奥巴赫说，“我们把自己看作是代理人，而不是受害者”，并致力于完善自己的形象，以匹配我们周围看到的不真实的形象。我们没有看到我们给自己戴上的手铐，然后像魔术师胡迪尼一样试图逃离它们。由于我们永远无法实现我们不可能实现的目标，而我们不断地在“有一天会达到‘足够瘦’”的希望和“我们未能实现这一目标”的绝望之间摇摆不定，“悠悠球”式节食就不可避免。

答案是什么?

奥巴赫认为，我们问错了问题——这不是如何减肥的问题，而是我们是否愿意学习如何进食并对自己的身体感到舒适的问题。要治愈我们与食物和正常食欲的关系，我们需要重新发现身体的真正需求。她提供了五个“关键点”作为治愈的方法：饿了就吃；吃你身体渴望的食物；了解你不饿的时候为什么想要吃饭；品味每一口食物；当你吃饱的时候就不要再吃了。想办法倾听你的身体，接受它的需求；专注于你自己，而不是我们周围24小时媒体的噪声。否则，你会发现自己会一直被困在一个徒劳的努力中，想要达到难以达到的完美身材。

核心理论

恢复食欲

——苏西·奥巴赫

虚假自我

——唐纳德·温尼科特

我害怕在我的职业生涯中继续前进，怎么改变这种情形？

潘克塞普 ‖ 鲍尔比 ‖ 哈赞 ‖ 沙弗 ‖ 埃里克森

神经学家雅克·潘克塞普会说，每当我们体验到害怕探索的感觉时，它就预示着大脑主要情感系统（参见上文第147页）中的一个中断了，在这种情况下是搜寻（SEEKING）系统。这可能是七个系统中最重要的一个系统，因为它是促使我们起身、出发的原因，是它使我们期待地环顾四周，寻找新的机会和资源。如果它关闭了，我们会感到沮丧，动弹不得。换句话说，我们觉得被困住了。找到被困的原因，就能重获自由；或者你也可以选择自我欺骗，去拜访一个埃里克森式的治疗师，他能让你在无意识状态下迅速改变，给你重获自由的感觉。

在我们遭受严重损失（如丧亲之痛或离婚）后，我们的搜寻系统可能会突然关闭。这是因为分离的强烈感受违背了我们对依恋的基本需求，导致我们的另一个初级加工系统即恐慌（PANIC）系统发挥作用。然而，也有可能有人的搜寻系统从未以百分之百的能量运转，因为他们对依恋的基本需求从未得到充分满足。这就是依恋理论的世界（参见上文第136—143页），其支持者，如**约翰·鲍尔比**，建议我们根据我们如何应对最早期的需求，发展出安全型或不安型的人格。那些有幸使自己的需求得到及时回应并且积极地享受的人，把父母看作是他们可以探索的“安全基地”。当他们的父母和朋友聊天时，这些婴儿自信地出发去探索周围的房间，因为他们在大人在场的情况下感到安全，在有需求时可以回到自己身边。另一方面，那些对自己与父母的关系感到不安的婴儿，则与探索的希望做斗争，要么不愿意放手，要么根本不承认对成年人有任何需要（这就是“鸭子在水下疯狂划水”的方法，此时孩子看起来完全平静而超然，但他内心也会惊慌失措）。

但我不是个孩子……

看来，我们的安全感是终身的；一旦获得，我们一生都会感到安全，除非我们采取特殊措施重新调整我们在这个世界上的自我意识。这是心理学家玛丽·梅恩的主要发现，她展示了我们进入成年的依恋类型的持续性质。随后，研究人员**辛迪·哈赞**（Cindy Hazan）和**菲利普·沙弗**（Phillip Shaver）研究了依恋关系对我们浪漫生活的影响，然后探索了它对我们的工作生活的影响。他们说，我们把爱情和工作看作是两个不同的领域，但因为我们本质上是社会生物，我们与他人在工作场所和在浪漫关系中的关联方式会不会有关系呢？

工作场所中的依恋

安全型依恋

这个人会对高水平的工作满意度感到开心。他们擅于和同事相处，很可能做得相当好，收入也很高。这个人看重的是人际关系而不是工作，所以他们的办公桌上可能会放有一两个喜爱的人的照片。

焦虑/矛盾型依恋

这个人看起来心事重重，无法集中注意力。他们的桌子可能很乱。他们在工作中很可能会感到被误解、不受重视。由于害怕被拒绝，这个人常常看上去很担忧。

回避型依恋

这个人不“经营”感情，也不需要别人，所以你不会在他们的办公桌上找到任何形式的照片或图片。事实上，他们很可能有一张非常非常整洁的桌子。他们可能会散发出一种孤立的感觉，比如工作时远离同事，聚精会神地盯着电脑屏幕。这个人可能收入很高，但是尽管工作时间很长，工作满意度并不高。

他们还认为，工作在功能上与鲍尔比的探索理念相似；就像婴儿们出发去看地平线上一个有趣的葡萄干斑点一样，作为成年人，我们进入了新的工作领域，看看这些机会是否真实，是否值得进一步调查。我们仍然需要成人依恋对象，就像我们在婴儿期曾经需要好的照顾者一样，这是为了感到足够安全，以便去探索。然后，他们想知道，我们对工作生活（或爱情）平衡的追求是否反映了我们儿童早期在探索和依恋方面所经历的那种平衡？换句话说，我们对工作的态度和我们的工作和生活平衡的意识是否真的在孩童时代就有了？

三种依恋方式

哈赞和沙弗查看了这三种主要的依恋方式，发现它们和我们的工作态度之间存在一些有趣的相关性。儿童期安全型依恋的人（占研究对象的50%）报告说，他们在工作保障、同事、收入以及挑战和晋升机会方面的满意度很高。他们自信地对待自己的工作，享受着工作，相对没有对失败的恐惧负担。然而，他们重视关系高于他们的工作，不会允许工作干扰亲密的关系。他们没有用工作来满足没有得到满足的爱情的需求。

目前为止，一切都还好。第二类依恋，焦虑或矛盾型依恋，被发现与更大程度的对工作和爱的焦虑有关。这一群体（占研究对象的19%）最有可能声称爱情问题干扰了工作。哈赞和沙弗认为，这可能反映了过去对依恋的执着，这种执着最初曾阻碍了探索。

这些人说，他们经常觉得被误解、被低估，担心别人不会对他们的表现印象深刻而拒绝他们。他们很容易分心，会在完成项目时遇到困难，会在被称赞之后“懈怠”：这可能表明他们的主要工作动机在于赢得别人的钦佩。即使考虑到教育因素，他们的平均收入也是最低的。他们对未得到满足的依恋需求的关注似乎使得他们更难以集中精力工作，也降低了他们职业晋升的可能性。

第三组由回避型依恋的人（占研究对象的30%）组成，他们将冷漠的状态带到工作中。他们被发现对同事普遍不满，但他们在工作保障和学习机会方面的满意度与安全依恋的同行相同。这个群体更看重的是工作而不是爱情，并表示会选择工作成功而不是爱情的成功。就像他们曾经是“回避型”婴儿探险家一样，这些人关注的是自己在做什么，而不关心生活、工作或在家中的人。他们表现得好像不需要别人；他们倾向于用工作来避免结交朋友或社交生活，不喜欢度假，因为不工作的时候他们会感到焦虑。他们喜欢一个人工作，虽然在收入方面与安全型依恋的人相当，但与安全型依恋的人相比，他们对自己的工作的满意度较低。

读到这里，你可能一直在思考你与工作的关系，你一生在探索的自由的感觉（或者没有），你目前对周围人的依恋程度，以及你感知到的在工作场所的选择和地位。你可能对你的依恋风格有一定的体会，想知道这一风格有多固定。幸运的是，我们小时候学到的关系风格可以通过一个被称为“获得依恋”的过程来改变。关于获得这种依恋的最佳方法的研究仍在进行中，但确定我们的依恋风格并尽可能充分地理解它们，这被认为可以在挑战这些风格的过程中发挥关键作用，同时带来作为成年人的亲密、安全和健康关系的治疗经验。

核心理论

依恋理论

——约翰·鲍尔比

依恋和工作

——辛迪·哈赞和菲利普·沙弗

催眠的选项

获得安全的依恋是一个漫长的过程，那么是否有更快的工作晋升的途径呢？心理治疗师**米尔顿·埃里克森**（Milton Erikson）认识到了我们生命早期学习思维模式的方式，并认为改变这些现在无意识持有的模式的唯一方法就是直接与无意识对话。然而，大脑无意识不会接受来自大脑意识的指示（它抵制干扰），所以他设计了一种“巧妙模糊”的说话方式，并通过使用故事、隐喻、治疗的结合与冲突来邀请无意识参与对话。从技术方面来说，他使用了催眠诱导和暗示的五阶段范式（注意力固定；减弱习惯性框架和信仰体系；无意识搜索；无意识加工和催眠反应）。不专业地说，他避开意识的雷达，从事无意识研究。

他认识到无意识是学习的宝库，埃里克森认为这是自然健康的，并且充满了积极的智慧，他找到了一种方法，用明显很少的努力或时间来挑战和改变一个人的自我限制的信念。目前，世界各地有120多家埃里克森研究所用这种创新的方式为客户提供治疗。虽然这些治疗师可能无法提供完全意义上的安全型依恋（尽管埃里克森确实坚持必须在治疗室建立一个“安全基地”），但这些治疗师给人们的生活带来了惊人的变化。正如一位埃里克森疗法研究的参与者所说：“事情不知怎样就发了；我不知道为什么，但我更放松了。”当恐惧消失后，探索——包括你雄心勃勃的求职——终于可以开始了。

我希望你选择过去的某个时间，那时你是一个非常非常小的女孩。我的声音将与你同去。

——米尔顿·埃里克森

我如何才能更有创新思维？

弗洛伊德‖邓克‖杜赫‖斯腾伯格‖卢巴特‖托兰斯

你的问题的伟大之处在于，它正确地假定每个人都是创造性的，而不仅仅是被选中的少数人。心理学家提到两种类型的创造力；前者（A类）出现在这个世界上，于是我们有了蒙娜丽莎和相对论，而后者（B类）的出现体现在我们选择着装类型，改变商业报告的格式或调整配方。换句话说，是我们不容易注意到的事物，但它们遍布于我们日常生活中。前者（A类）的创造力只属于少数人？还是任何人都能做到？

如果你经常发现自己用一长串借口来逃避创造性的任务，你可能会忙于否认你的创造力，以至于你没有注意到这些清单的独创性。你也没有注意到你自信地否定自己能力的自我信念，这也是与创造力有关的关键个性特征之一。自信是至关重要的，因为创造性思维往往产生打破范式和挑战当前思维的想法，而这些想法是被别人认为是有威胁的，不管这个想法是无袋真空吸尘器的设计，还是地球绕着太阳转的断言（这一断言导致伽利略终身被软禁——它的提出者哥白尼在发表最初的理论后不久就明智地去世了）。

所以创造力可能是危险的，这也是你可能选择避免创造力的原因之一。如果你从小就因为用冰箱、花园或棚子里的材料制造荒唐无稽的发明而被严厉责备，你可能早已经学会了把这些有趣的想法藏在心里，以至于当它们近期出现的时候，你已经忘记了如何坚持这些想法。此外，根据从**弗洛伊德**到今天的心理学家和神经科学家的一致观点，记忆在创造力中发挥着关键作用，因为它似乎总是关于认知的联想。弗洛伊德有个方法广为人知，那就是鼓励他的病人使用“自由联想”，这个过程包括追踪脑袋里依次出现的一个个想法，并大声说出来。通过关注沿着自由联想的路线出现的所有“非自愿想法”，弗洛伊德能够分析病人的困境。

创造性的想法大同小异。弗洛伊德说，当人们关闭理性的自我，允许更多非理性的、无意识的联结产生并表现出来时，创造性想法就会产生。这使得创造力不再是试图做某事的一种形式，而是“停止尝试”，而正是那种不太固定的思维会吸引邓克（参见下文）。

格式塔理论家**卡尔·邓克**（Karl Duncker）提出了一个实验，旨在显示我们是如何流畅地思考或固着地思考。这被认为对创造力有影响，因为如果我们只能沿着老生常谈的道路思考，就不会出现任何新的东西，新奇是创造力的重要组成部分。我们的解决方案在某种程度上必须是有价值的—各种与世界无关或者不能在某种程度上解决问题的新观点毫无意义。即使是音乐或文学创作也需要连贯、形式和某种指导目的。

邓克的实验很简单。他给了每个被试者一支蜡烛、一盒火柴和一盒大头钉，让他们用某种方法把蜡烛固定在软木墙上，这样

卡尔·邓克的蜡烛实验

之前　　之后

蜡烛点燃后就不会滴落到下面的地板上。解决的办法是：从盒子里清空大头钉，用其中的一些把盒子钉在墙上，然后把蜡烛放在盒子里，点燃它。我们中那些患有“功能固着”的人，显然无法将大头钉盒视为一个具有多种功能的独立物件，而且尽管大头针的长度不足，他们可能还是会尝试将蜡烛钉在墙上，结果也只是徒劳无功。任何东西都值得一试，对吧？这显然是错的。这不是创造性的，而是愚蠢的。我们可能会认为，“适当的”解决方案实际上并不会使蜡烛被固定在墙上，而是使盒子被固定在墙上，这似乎是作弊。他不是说要把蜡烛固定在墙上吗？可悲的是，即使是那些创造性堪称最好的观点，也会被忽略。

这个过程是什么？

神经认知科学家**沃齐斯瓦夫·杜赫**（Włodzisław Duch）声称，在创造性思维过程中，大脑中发生了一个可识别的过程。这一切都从一个准备阶段开始；在这期间，我们有意识地（向我们的大脑）引入所有相关信息，激活大脑语言区域中相应的神经回路，并开始与其他一些处理视觉、听觉、体感和运动输入的区域连接。这些大脑“子网络”现在已经做好了准备，变得非常活跃，它们相

在有创造性思维的地方，守在门口的理性……要放松它的警戒，各种思想就会乱七八糟地奔涌而出，此时，理性才会把它们通通检查一遍。
——弗里德里希·席勒，引自西格蒙德·弗洛伊德的《梦的解析》

> 大众不会恶意或故意拒绝创造性的想法。相反，大众没有意识到，并且常常不想意识到，创造性思维所提出的想法代表了一种有效的、先进的思维方法。
>
> ——罗伯特·斯腾伯格和托德·卢巴特

互刺激（更加活跃），形成各种连接，同时抑制其他连接。

杜赫声称，对于真正棘手的问题，我们需要花时间，因为我们需要“潜伏期”，在此期间，大脑回路的持续活动意味着我们会做许多瞬态关联；其中一些将是短暂的，死亡速度很快，而另一些将被捕获和记住。杜赫指出，潜伏期是我们通常所说的“想象”，这似乎在很大程度上是一个无意识的过程。这个阶段之后可能会出现几天的僵局，甚至绝望，因为抑制会在一段时间内掌控这一进程。

矛盾的是，这是一件好事：这意味着我们正在降低已经启动的神经回路的活性，以便招募新的可能有助于解决问题的大脑回路。就在这一切发生的时候，最有趣的联结就会引起大脑“中央执行”部分的注意，并被情感过滤器放大，从而导致更多的新联想和一堆精彩的想法。瞧！

> 我们都同意你的理论是疯狂的。让我们分裂的问题是，它是否足够疯狂。
>
> ——尼尔斯·波尔

我怎样才能学会更好地做到这一点呢？

心理学家**罗伯特·斯腾伯格**（Robert Sternberg）和**托德·卢巴特**（Todd Lubart）认为，我们可以做一些可以识别的事情来帮助激发杜赫描述的想象和过滤过程。第一，他们说，我们需要尽可能多的学科领域的知识，因为如果我们不知道一个学科领域原本的知识，我们就无法超越这一知识领域。第二，我们需要实践某些智力技能，包括从许多不同的角度看待事物，并能够认识到哪些想法值得追求。第三，我们需要选择以“立法”的方式思考，也就是说，我们需要用新的和好的方式，而不是新的和愚蠢的方式来思考。第四，我们需要培养某些特质：我们需要固执，充满自信，愿意克服障碍。第五，如果可能的话，我们需要找到一个有利的环境。第六，我们需要有这样做的内在愿望；我们需要有很高的积极性。

埃里斯·保罗·托兰斯（Ellis Paul Torrance）是创造力的早期研究者之一，他说这种动机真的是一件很重要的事情。在一项从童年到成年的创造力研究中，他追踪了211个人的生活超过22年。他说，创造力最重要的源泉之一，是你“似乎爱上了某些东西——你的梦想，你对未来的想象”。有些人也有梦想，对于未来也有清晰的想象，但他们并没有爱上它——他们觉得它“不是真的”。因此，对于真正的A类创意，托兰斯说我们必须首先寻找我们的真实身份，然后才能认识到我们真正喜欢和追求的是什么。通过这样做，我们将自动勾选斯腾伯格和卢巴特建议的所有内容，而甚至不会觉得我们在努力。这感觉会很有趣。

当然，弗洛伊德说，创造力与游戏有关；所有的孩子都可以

核心理论

创造性思维

——卡尔·邓克

创造性过程

——沃奇斯瓦夫·杜赫

自由地发挥自己的想象力，但是，作为成年人，我们知道我们需要“戒掉它”，所以幻想仍然会在梦中和白日梦中发生，我们把它藏在心里。他说，我们的“非自愿的想法”可能会遇到最激烈的抵抗，首先是来自我们自己，而不是其他任何人。他将有创造力的人描述为“光天化日之下的梦想家”，表明了创造性立场的致命漏洞。所以也许问题不是你能否更具创造力，而是你敢吗?

我害怕公开演讲，怎么克服？

阿德勒

公开演讲令许多人心生恐惧，事实上，在2015年，它在英国和美国最令人恐惧的事物中排名第一，超过蜘蛛、深水、密闭空间、高度、飞行和其他可能的恐怖事件。我们中的许多人只是回避它，却没有意识到，也许虽然回避看起来像是处理焦虑的一个很好的策略，但它实际上增加了焦虑。所以，如果你想要解决恐惧，而不是避免恐惧，那什么样的心理学知识会有帮助呢？

快速浏览一下互联网，你会发现一些克服公众演讲恐惧的最常见技巧。“彻底了解你的主题”是一个常见的技巧，就是说如果你偏离主题或者卡住了，你还能快速回到正轨。（有一种想法注定会增加恐慌——“我知道的永远都不够！”）另一个热门技巧是“练习、练习、练习！”，这意味着公开演讲非常困难，有的人宁愿遭受身体痛苦也不愿意面对这个困难。“忽视观众”是另一个演讲技巧，仿佛这能让你不那么害怕面前的面孔。（否认在某些情况下是有用的防御，但否认所有观众的存在就是一门技艺了。）

在实践中，遵循这些建议通常会使我们埋头于自己的想法，对自己“完全搞砸了”的许多方式产生高度消极的自我判断。这可能使我们想要尽快完成演讲或演示，所以我们开始说得越来越快，这反过来又会让我们呼吸更短、更浅，从而进一步增加焦虑。现在我们即将面对一场全面的恐慌，而观众却没有意识到这一切，他们正坐在那里思考这场演讲是多么有趣——而我们自己一点都不觉得有趣！

天然的自卑感

焦虑会越积越多，除非我们能找到一种方法来中断这个过程，或者在它第一次出现时就阻止它。精神分析学家**阿尔弗雷德·阿德勒**（Alfred Adler）很早就发现了这一点。他是一个身体虚弱的孩子，5岁时就患上了佝偻病，差点死于肺炎。这种无助感至关重要，促使他思考了人类一生的旅程。他说，所有的孩子都会产生自卑感，因为在某种程度上，他们会意识到自己的无助，因此，为了能力和权力而奋斗定义了我们所有人的生活。他说："我们都在努力达到一个目标，达到这个目标后，我们就会感到强大、优越和完整。"只要我们不能达到这种完美主义形象，我们就会产生一种"自卑感"。

阿德勒还指出，我们的思维既具有专用性（接受周围的一切，包括别人对我们的评价），又具有建设性。我们收集事实并从中构建意义；我们不断以这种方式把事实和意义编织在一起，否则生活就没有任何意义。然而，在许多情况下，我们用包括某种自我判断的方式从事件中得出结论，这个结论又会成为我们对自己看法的一部分。例如，一个不断被人评头论足的孩子会认为他在某些方面有缺陷；每一次他因为表现明显不佳而被训斥的事件都证实了他的观点，即他的结论——比如"我没用"或"我很愚蠢"——是正确的。这就变成了阿德勒所说的我们的"个人心智"或关于"我是谁"的个人逻辑的一部分。它充满了扭曲，但我们没有察觉到这一点。它给人的感觉是经过分析和深思熟虑的，但实际上它是一套假设，而不是真理。它是基于一个孩子理解事件的不成熟方式，这种理解是以自我为中心的，不能包含所有其他可能的解释，比如批评的成年人可能是累了、病了或心情不好。一旦得出了一个结论（“我没用”），我们就会把其他似乎证实了这一点的情况放在心上，并告诉自己“我是对的——我没用”。

阿德勒建议你可以表现得好像你是一个擅长演讲的人，比如贝拉克·奥巴马。这个方法可以轻而易举地让你的演讲变得自然流畅

人类思维的确认性偏见意味着，从那时起，我们只会以确认我们对自己看法的方式，来注意他人的事件和反应。我们忙于证明自己是正确的，以至于无法改变对自己的既定看法。如果其中一种观点是“我不能在一群人面前讲话”，这将很难改变，因为这是我们对自己的内在看法的一部分。阿德勒说，这是一种奇怪的方式，这竟然是我们试图克服原始自卑感的方式，因为我们正在证明我们是多么“正确”。这使我们感觉更优越，即使我们用来证明这一点的事情（面对公开演讲的焦虑）似乎与此背道而驰。

假装

阿德勒疗法采用多种方法来改变我们对自己长期持有的错误

不要害怕犯错，因为只有通过犯错才能学会如何生活。

——阿尔弗雷德·阿德勒

观点。这些技术之一，“假装”，是一种简单的入门方式。对于我们想要采取不同行为的任何情况，阿德勒建议使用孩提时代的老办法——假扮医生和护士，或者巫师和巫婆，我们要扮演得如此彻底，以至于暂时迷失了自己。他说，要表现得“好像你就是你想成为的那个人”，因为“当人们开始有不同的行为和感受时，他们就会变得不同”。在你讲话的时候，不要试图记住完美行事的清单，而只是简单地假装成一个说话轻松、冷静的人——比如贝拉克·奥巴马。让你的身体采用他的姿势，让你的声音成为他的声音，看看会发生什么。阿德勒说，如果你表现得自信、外向、果断——或者你觉得自己缺乏的任何东西——你就会变得自信。

在这种方式下，身体和行为会领路，思想会紧随其后，并吸收这种新的存在方式，进而逐渐变成习惯。通过这种方式，我们可以利用新的行为形成“我是谁”和“我能做什么”的新信念。

失败的好处

还有一种方法要求我们以不同的方式查看整个情况。加利福尼亚洞察冥想中心的正念老师吉尔·弗朗斯达尔（Gil Fronsdal）讲述了一个先驱者和备受尊敬的冥想老师的故事，她有一天在一场众人期待值很高的大型活动中演讲“失败”了。她老了，非常累，一直照顾生病的伴侣好几个月，然后连夜开车才到达活动现

生而为人，难免自卑。

——阿尔弗雷德·阿德勒

允许当下如它所是，允许自己如你所是。

——乔恩·卡巴·金（正念老师和MBSR的创始人）

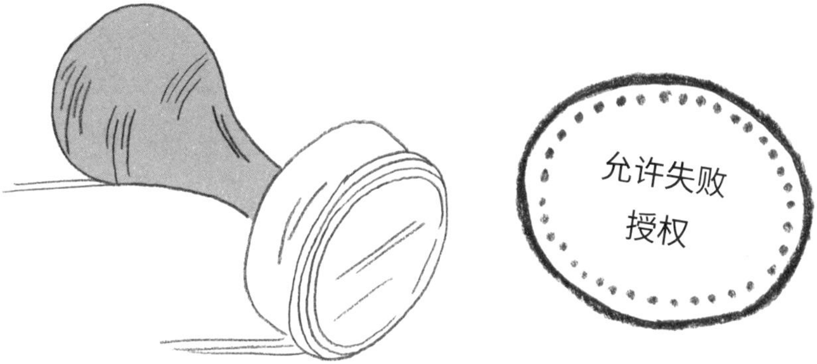

场。在舞台上，同一个故事在演讲中多次出现。观众开始焦躁不安，一个人站起来离开。“等等，”弗朗斯达尔说，“你正在目睹一些非常特别的东西，你正在见证一位美国高级冥想老师的失败。”令人惊讶的是她轻松承认了——她没有捍卫或否认正在发生的事情，而是简单地接受了它。她与失败的轻松关系表现出比她演讲内容更强大的东西。

我们如何面对失败？这是弗朗斯达尔想知道的。他建议我们可以在冥想中找到答案。因为我们会发现，冥想时，我们会一遍又一遍地想让自己专注于呼吸，但我们的注意力却总是不自主地溜走。当我们意识到这么多小失败时会怎么办？我们生气，努力还是放弃？冥想使我们有机会体验失败，并意识到我们对失败的反应。我们可能会注意到，我们无意识地、不由自主地产生诸如“我是

核心理论

表现得“好像你就是你想成为的那个人”

——阿尔弗雷德·阿德勒

接受失败

——正念方法

如此无用——我甚至连这个都做不好”的想法，但现在我们能够清楚地（也许是第一次）看到这个想法，并深思阿德勒建议我们给自己做的前提假设。另外，如果我们在冥想期间这样做，我们就是让自己以一种安全的方法来练习失败，这样我们就可以开始看到“失败”是可以被接受的，之后回到我们正在做的事情就好。我们可以坦然面对失败。如此一来，就没有什么可怕的了。

我应该像我爸爸希望的那样去考公务员，还是追求音乐梦想？

霍尼 ‖ 马斯洛 ‖ 罗杰斯

选择加入摇滚乐队，可能会惹恼你老爹；虽然看起来，可能有一大群人文主义精神治疗师站在你这边，那是因为“自我实现”（做自己的事）在他们看来是人类生活的终极目标。但这会比你想象的要难得多，因为这涉及在你一生所建立的所有防御之下认清你真正是谁。你可能会觉得你的愿望源于真实的欲望，但卡伦·霍尼表明，至少有三个自我在运作：一个真实的自我、一个理想化的自我和一个被鄙视的自我。那么，到底是谁支撑着摇滚明星的梦想呢？

真实性（authenticity）的概念可以追溯到古代。希腊哲学家亚里士多德提出，我们的灵魂中自带一种必须被实现的潜能，这才是活着的真正目的。在心理学中，这种观念被人文主义和存在主义治疗师所接受，他们不仅对与神经症患者合作（就像弗洛伊德所做的那样）感兴趣，而且对与感觉良好、生活幸福但希望将生命发挥到极致的人合作感兴趣。

自我实现

在精神分析学家和人文主义治疗师之间架起桥梁的是德国精神分析学家**卡伦·霍尼**。她在几个方面不同意弗洛伊德的观点，其中最重要的一点是，在指导我们的良好和幸福的发展中，安全和保障比性欲更重要。霍尼还指出，我们生来就有成长或自我实现的倾向，但社会因素（包括父母的愿望和文化规范）会干扰我们的自然成长，使我们偏离原本会选择的道路。

霍尼说，我们每个人生来都有一个内在的自我，它的最初发展取决于我们与父母“合得来”的程度。如果我们天生就很像他们，我们就会自然而然地成长为我们注定要成为的人；但在某种程度上，我们与他们不同，我们将被塑造成一个与家人不融洽的自我。这种被塑造的感觉在我们体内产生了一种基本的焦虑，影响了我们与他人自然相处的能力。它还迫使我们把真实的感情隐藏在虚假的感情背后，采取更容易被接受的行为。

这就是我们真正有创造力的地方。霍尼提出，我们会发展三种类型的自我：真实自我、理想化自我和被鄙视的自我。真实自我最初是一组基因规定的潜能和倾向，它可以通过我们生活的环境来实现。真实自我包括我们的气质、才能和先天素质，在有利的养育条件下，它将充分发挥其潜力。然而，鉴于许多人经历的开始并不理想（因为很少有父母处于理想的生活状态），真实

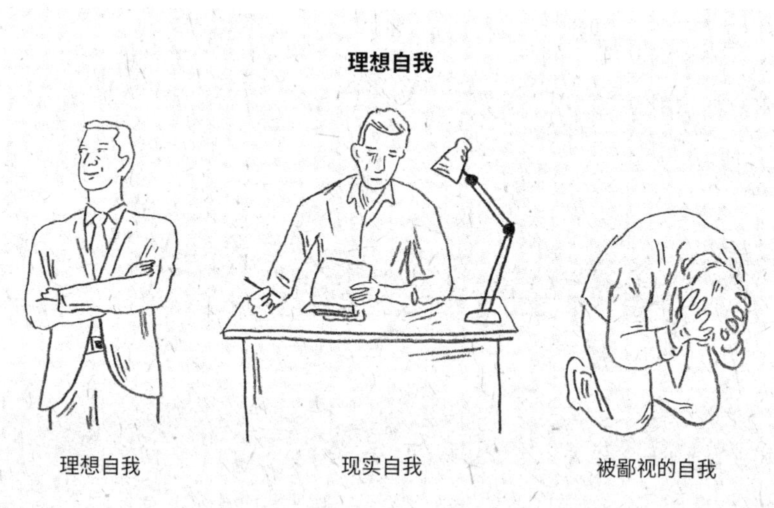

自我只是平行宇宙中发展起来的“可能的自我”。相反，我们大多数人所发展的是一种“理想化自我”，是由我们适应环境过程中的焦虑需求形成的，实质上它是让我们度过生活的一种防御姿态。

理想化自我

霍尼的理想化自我（我们呈现给他人的自我）为了避免焦虑会采取下列三种形式之一：顺从、敌意、退缩。顺从型的人形成一种让自己有爱心、体贴、宽容的理念。敌意型的人的理想化自我会追求变得强大、无情、胜利，取得巨大成功。那些采取退缩型自我的人会退到别人后面，重视自由和自足，且从不寻求帮助。

由于我们形成的这些防御性自我是理想化的（例如“非常关心他人”），因此存在一个重大缺点。我们无法实现它们，所以我们开始鄙视自己的不足之处。当我们无法达到我们自己不切实际的标准或要求时，我们会觉得自己应该被鄙视，这导致我们一次次地自我厌恶。这也是我们倾向于使用“应该之暴虐”去责罚自己的根源。在许多（可能每天）情况下，当我们对自己说“我应该做这件事”时，我们要么不情愿地服从，要么对“应该”做的事情置之不理，并感到异常内疚和无能。

霍尼认为，心理治疗的主要目标之一是帮助人们放弃理想化的自我，这也意味着放弃被鄙视的自我，并接纳真实的自我，包括自己的缺点。然而，放弃我们对自己完美形象的想法是一件非常困难的事情。成为有爱心的、关心他人的人，或者享受老板权力带来的奖赏，或者在世界各地自由漫游，不被顺从所困扰，这种感觉会更好。在这里，你还会遇到一些左右为难的处境：当我们想要一些东西，比如成为一个摇滚明星时，我们怎么知道它是源于我们的真实自我还是我们的理想化自我？换句话说，即使你放弃了铁饭碗和你父亲的建议以遵循自己的道路，你怎么知道这个愿望确实是真实的？

真实自我

亚伯拉罕·马斯洛从霍尼手中接过了接力棒，并决定努力探讨真实自我。马斯洛和霍尼都认为我们偶尔可以瞥见真实的自我，但是霍妮认为这种情况发生在心理治疗中，而马斯洛认为当我们有“高峰体验”时就可以看到真实自我。这是些“片刻的、强烈的快乐和幸福感”，让我们充满了惊奇和敬畏。我们感到自我与世界完全联结、和谐统一，并体验到一种狂喜的感觉。

马斯洛说，这些“高峰体验”可能来自生活中的小事，比如一位母亲正在仔细端详她的新生婴儿，她的眼神充满爱的狂喜，并被他的每一个部分所吸引。这是一种“对所有事物完全的、无比较的接纳”。后来，米哈里·奇克森米哈伊在其作品中，用“心流”这一观念再现了这种体验，他也观察到，当人们真的热爱手头的任务时，就会产生这种完全投入和自发快乐的状态。**卡尔·罗杰斯**为了寻求自我实现和真实性，提出“以来访者为中心”的心理治疗方法，他认为，如果目标是为了自我实现，那么只有来访者自己可能知道什么对他/她最有利。

所以可能应该提的问题是：当你弹吉他时你感觉如何？你是否沉浸在与万物融为一体的感觉中，全然忘记了时间和地点？你是否必须用摇滚明星的梦想拖着自己去练习？还是毫不犹豫地伸手去拿你的吉他？在做出职业选择之前，马斯洛还会要求你检查你处在哪个需要层次（参见上文第72页），因为你需要食物和安全需要满足之后，才能开始自我实现。也许你的父亲会关注较低级别的需要层次结构，他所关注的是你的生存和安全，其他任何东西对他来说都是意外收获。而你，目不转睛，只想要最高奖项。

核心理论

理想自我

——卡伦·霍尼

来访者最了解自己

——卡尔·罗杰斯

卡伦·霍尼

我怎样才能更好地渡过难关？

塞利格曼 ‖ 弗兰克尔 ‖ 西瑞尼克 ‖ 约瑟夫 ‖ 亚隆

在M. 斯科特·派克那本著名的自我成长类书籍《少有人走的路》中，开篇第一行一针见血地写道："人生苦难重重。"这个观点似乎与"积极思考"这一广泛流传的建议背道而驰，"积极思考"意味着要摆脱生活中糟糕的事情，但"心理弹性"领域的研究者发现，将这两种观念结合在一起会带来变革性的成长。他们认为，生活很艰难，但是通过乐观和自信来面对逆境，我们就可以改善生活。

心理弹性是指经历逆境或不幸之后复原的能力。心理弹性水平可以区分一个人在失业一年后是陷入抑郁情绪，还是改变策略继续寻找工作。这是一种承受关系破裂、朋友去世的坏消息，而不被无助感打垮的能力。对于遭受长期持续性创伤或一次重大事件（例如身体攻击）的人来说，心理弹性指的是不肯被那些创伤经历打倒。心理弹性是有韧性的，但并非盲目和呆板的。它从绝望的深渊中产生，使我们的生活重回正轨（然而，很明显，此时轨道已经改变了）。正是出于这个原因，许多研究者将心理弹性作为一种适应能力，并且像一套技能和天资一样具有灵活性。

习得性无助

马丁·塞利格曼通常被称为积极心理学的创始人，他在研究无助感过程中产生了"心理弹性"的概念。1975年，他进行了一项实验，将三组人放入他们无法逃脱的房间。第一组人会听到巨大的噪声，直到他们按下按钮四次时噪声才会停止；第二组听到

> 心理弹性是一件用发育、情感和社交的毛线编织而成的毛衣。
>
> ——鲍里斯·西瑞尼克

巨大的噪声，但这个噪声会随机停止，与他们的努力无关；第三组没有听到任何噪声。同一天晚些时候，所有三组人都受到巨大的噪声的干扰，所有人都被告知他们只需拉动杠杆即可停止。第一组和第三组很容易停止噪声，但是第二组的人没有做任何事情——他们并不期待努力会有效果，所以他们放弃了尝试。这种“习得性无助”的表现催生了抑郁和动机领域的宝贵研究，但一个奇怪的发现在当时无法理解。在这样的实验中进行过测试的大约三分之一的人（和动物）从未变得无助。他们从未放弃过。那么他们有什么不同呢？

学会应对压力

从生命一开始，我们就在各种小事中学着应对压力，并意识到自己可以应对它。在支持我们的成年人的帮助下，我们了解到压力是可控制的。例如，我们可以等待五分钟来获得一瓶牛奶，然后没得到也没什么大不了。另一方面，如果饥饿的婴儿不断地喊叫，但几个小时内都没有人到达，他就会停止哭泣（就像那些停止尝试关闭噪声的成年人一样）。如果孩子尽其所能地寻求帮助，或者让事情有所改善，但没有得到任何回应，那么他很快就会学会停止尝试。

研究人员已经确定了决定儿童和成年人心理弹性的两个童年时期的关键因素：支持性关系（对我们的哭声做出回应的人们）

的质量和强度，以及我们所习得的看待和应对苦难的关键信息。如果我们感到有良好支持并学会将挑战视为可以克服的暂时性挫折，我们可能会感到“天然地”具有心理弹性，即使这种能力实际上是后天习得的。另一方面，如果我们在没有多少支持或指导的情况下长大并且常常感到无力控制我们的生活，那么在成年期遇到挑战时，就要自己承受“习得性无助”的后果。

习得的心理弹性

有个好消息是：习得性无助是“习得的”，这意味着可以以不同的方式重新学习。我们可以在生活中的任何时候提高我们的心理弹性。塞利格曼认为，最好的办法是通过“习得性乐观”来实现。当他开始询问实验中那些从未产生无助的被试的思维模式时，他发现他们对“三个P”的想法不同——持久性（Permanence）、普遍性（Pervasiveness）和个性化（Personalization）。面对挫折，他们倾向于认为，“这是暂时的，只是一时情况，我可以做些事情来解决它”。另一方面，那些放弃并屈服于无助感的人很可能会认为，“这将永远持续下去，它将破坏我所做的一切，我对此无能为力”。第一种思维形式给了我们一种控制和力量的感觉，而第二种形式则消除了所有的动力。这种控制感被认为与乐观感同样重要，值得注意的是，这取决于我们的内部决定，而不是外部事

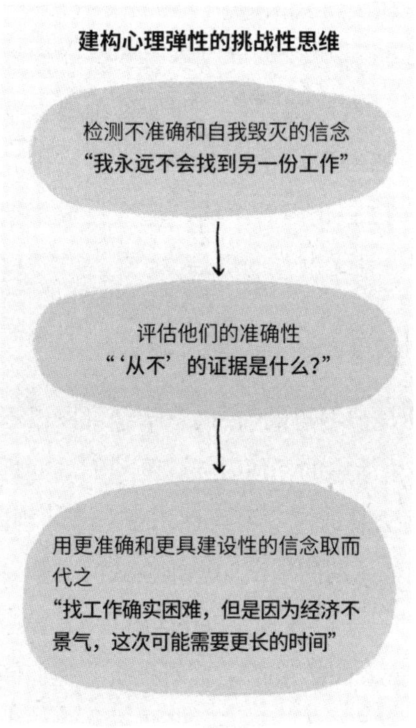

实——我们有能力改变。

塞利格曼设计了一个提高心理弹性的课程，教人们所需的认知-行为和问题解决的技能，帮助他们把习得性无助转变成心理弹性。这个项目中很重要的一个部分是鼓励学生发现不准确的和自我欺骗的信念（“我永远不会找到另一份工作”），评估它们的准确性（“‘从不’的证据是什么?”），然后用更加准确和建设性的信念取代它（“找工作确实困难，但是因为经济不景气，这次可能需要更长的时间”）。其他的心理学家也建议，我们要有意识地注意“好的事情”——例如家人、朋友、美食和音乐——以平衡我们对周围事物的感知。通过扩大美好事物的范围，那些艰难的事情看起来也没有那么令人望而却步了。他们认为，也要去寻找幽默感，因为幽默可以缓解紧张，并且允许一种具有创造性的游戏感加入我们的思考中，与决心比肩而坐。幽默也缩小了挑战的规模。这两种策略都增加了我们对情境的控制感。

逆境的好处

从集中营中幸免于难后，心理治疗师**维克多·弗兰克尔**意识到，伤害或压倒我们心理的并非事件本身，而是我们赋予这些事件的意义（参见上文第219页）。理解了这一点，似乎就可以培养起心理弹性。当我们没有能力改变外部世界的环境时，我们需要改变我们的内部世界——这就是心理弹性的适应性。弗兰克尔认为，即使我们失去了一切，我们仍然可以保留对自己想法的选择和控制权。我们可以选择用完全不同的方式来解释事件，这种方式可能与大多数显而易见的方式背道而驰，或者与别人试图强加给我们的方式不同。即使在最艰难的时候，我们也可以决定周围事件对我们的意义，从而掌控自己的内心世界。

精神分析专家**鲍里斯·西瑞尼克**（Boris Cyrulnik）一生的大部分时间都致力于研究受到创伤的群体，从卢旺达的种族灭绝幸存者到巴西的街头儿童。他毕生对创伤和心理弹性表现出浓厚的兴趣。第二次世界大战时，在父母被捕并被送往奥斯威辛集中营之后，他东躲西藏才幸免于难。他说创伤幸存者的心理弹性是一个悖论，因为尽管痛苦很真实，且永不停止，但是它经常引起“反抗而非呻吟”。塞利格曼注意到，在岔路口，我们需要对自己的生活做出一个生存性决定——我们是像那些被困在充满噪声的房子里的人们那样放弃，还是决定向前走一步？哪里有极端的变化，哪里就会有新的大门向我们打开。如果我们陷入抑郁之中，就不能够打开门去看外面，但是如果我们能够对自己说“我一定能渡

当严峻考验真的到来，我们是否不得不屈服于此？如果我们奋起反抗，我们有什么武器？

——鲍里斯·西瑞尼克

> 人所拥有的任何东西都可以被剥夺，唯独一样不行：人类最后的自由——在任何情境下选择自己态度的自由。
>
> ——维克多·弗兰克尔

过这个难关”，我们就会走向其中一扇门，并且可能会发现一些伟大的东西——甚至可能是我们一直想要找到的生命的意义和目的。

最近我们在多个研究领域都发现，潜在的创伤可能带来一种自我实现。心理学家**斯蒂芬·约瑟夫**（Stephen Joseph）惊讶地发现，“自由企业先驱号”渡轮倾覆的灾难（英国，1987）的幸存者中，43%描述他们对自己生活的看法时，认为生活“变得更好”。心理治疗师**欧文·亚隆**想知道有多少人曾经哀叹：“真遗憾，直到现在我被病魔缠身，才知道如何生活！”有研究关注了包括疾病、丧亲、性侵犯、恐怖袭击和军事战斗在内的一系列创伤和苦难经历后发现了“创伤后成长”的证据。似乎在极端的逆境中，我们的整个优先事项和生活哲学都可能发生转变，如果我们能够勇敢地踏上这条新的道路，我们将对前路保持清晰和专注。心理弹性就这样习得了，但它也是一种选择。可能正如弗洛伊德所说：“经历了很多错误，人就会发现所有的真相。”

核心理论

习得的心理弹性

——马丁·塞利格曼

创伤后的成长

——斯蒂芬·约瑟夫

致　谢

非常感谢章鱼出版公司的团队，尤其是特雷弗·戴维斯、波利·波尔特和艾拉·麦克莱恩，感谢他们编辑整理这本书。特别感谢麦格森·哈里森博士的建议，以及加雷思·索思韦尔和格雷斯·赫尔默精彩的插图。最后，感谢大卫、弗雷娅和洛蒂，感谢他们的智慧、优雅和一贯的幽默感，我们度过了畅聊弗洛伊德的夏天。